森林报

教育部新编小学语文教材指定阅读书系

[苏]维·比安基 著
韦苇 译
伍剑 评注

长江出版传媒 | 崇文书局

图书在版编目（CIP）数据

森林报 /（苏）维・比安基著 ； 韦苇译 ； 伍剑评注 .
-- 武汉 ： 崇文书局， 2020.1
（教育部新编小学语文教材指定阅读书系）
ISBN 978-7-5403-5230-1

Ⅰ. ①森… Ⅱ. ①维… ②韦… ③伍… Ⅲ. ①阅读课
—小学—课外读物 Ⅳ. ① G624.233

中国版本图书馆 CIP 数据核字（2018）第 229412 号

森林报

责任编辑　李利霞
责任校对　董　颖
责任印制　李佳超
出版发行　长江出版传媒　崇文书局
地　　址　武汉市雄楚大街 268 号 C 座 11 层
电　　话　(027)87293001　邮政编码　430070
印　　刷　深圳市福圣印刷有限公司
开　　本　787mm×1092mm　1/16
印　　张　16.75
字　　数　220 千
版　　次　2020 年 1 月第 1 版
印　　次　2020 年 1 月第 2 次印刷
定　　价　29.80 元

前　言

这是一套与统编版教材“快乐读书吧”栏目相配套的丛书，本套书精选了“快乐读书吧”栏目推荐的必读图书。那么，“快乐读书吧”是什么呢？

“快乐读书吧”是统编版教材里的一个栏目，是学生在这个学期里课外阅读的指导纲要，旨在引导学生“多读书，读好书，读整本书”。可以说，“快乐读书吧”不仅仅是语文教材设置的一个课程栏目，更是新形势下语文教学和语文学习的一个全新的热点和导向。它针对“学语文不读书、读书少”这个最重要的问题，提醒老师、家长和学生要注重阅读，多读书，回归语文教学的本质。

作为统编版教材里全新设置的、旨在为学生课外阅读提供全方位指导的栏目，“快乐读书吧”拨动起学生阅读的指针后，对于老师和家长来说，需要思考的就是：学生为什么要多读书？学生该怎样读书？学生该读怎样的书？

阅读对于学生学习和成长的重要性不言而喻，北大教授钱理群先生曾指出：“学好语文有很多要素，但最核心最根本的方式就是阅读。”但是，许多学生的阅读仅限于教材内容，而真正的阅读指的是读“书”。“教材”和“书”是不同的概念，“教材”是老师用以教学、学生用以学习的教科书，“书”则是教材之外的课外书，仅靠阅读语文教科书是远远不够的。新课程标准和统编版教材都要求学生要“多读书”，这里的“书”指的正是课外书。统编版教材主编温儒敏认为，无论怎么改革，对于语文来说，都离不开读书。这次语文教材改革的一大特点就是增加学生的课外阅读量，设置“快乐读书吧”栏目，将课外阅读课程化，从而形成“教读—自读—课外阅读”三位一体的阅读教学体系。

在温儒敏教授看来，阅读不要为难孩子，而要激发孩子读书的兴趣，只要有兴趣，一切都好办。因此，在引导学生多读书时，要培养学生广泛的阅读兴趣，扩展学生的阅读面，使学生的阅读心理从“要我读书”向“我要读书”转变，从而让学生自主阅读，让阅读成为习惯。应当引起家长注意的是，当学生看到他们的父母都在玩手机而不读书时，自己也不会有阅读的冲动。因此，营造一个良好的家庭阅读环境，对激发学生的阅读兴趣是很重要的。

语文教育多年来有着重“篇”不重“书”的特点，学生也习惯了单篇、短篇的阅读，一本《诗经》只挑着读了几首，一本《论语》只读了寥寥几句。这种碎片化的阅读会让学生在认知方面“只见树木不见森林”。让人欣慰的是，统编版教材注重引导学生要“读整本书”，要求学生要耐心地、完整地读完一本书，感受读书之美，从而养成好读书的习惯，提升阅读能力和逻辑思维能力。

阅读就要读“好书”，这是一个共识。温儒敏教授指出，统编版教材给小学生指明的阅读方向是“重视原典阅读”，就是多读一些情节生动、积极向上的经典课外书籍，这样才能激发学生的阅读兴趣，树立正确的人生观、价值观。需要注意的是，不同学龄段的学生适合阅读的课外书籍是不一样的，“快乐读书吧”也分别做了具体的指定。总的来说，一、二年级学生以阅读优秀童谣儿歌和简短故事为主；二、三年级学生主要是阅读中外经典童话、寓言故事；四、五、六年级学生则从阅读故事慢慢过渡到神话传说、简单科普和中外经典长篇童话、小说。在这些指定的阅读书目中，兼具中外优秀作品，体现了课外阅读的广泛性要求，有利于拓宽学生的阅读面。

课外阅读课程化，这是新形势下语文教学改革的趋势。本套书根据统编版教材要求，精选必读图书和推荐图书，努力践行中小学语文教育“读书为要”的原则，致力引导学生“多读书，读好书，读整本书”。

目录 CONTENTS

春（第三号）

夏（第一号）

夏（第二号）

夏（第三号）

秋（第一号）

秋（第二号）

秋（第三号）

冬（第一号）

冬（第二号）

冬（第三号）

春（第一号）

苏醒月（3月21日到4月20日）

太阳进入白羊宫

太阳温暖的手缓缓揭开森林的诗章

森林的新年从3月开始，从3月21日春分这一天开始。这一天，白天和夜晚一样长：太阳管半天，月亮管半天。这一天是森林的节日，鸟兽喜迎回归大地的春天。

咱们老百姓对3月有个说法，道是“三月暖洋洋，檐水连日淌”。从这个月起，太阳着手驱赶在大地上盘踞了几个月的严寒。积雪一天天塌陷下去，塌成一个个的小窝窝，颜色也变灰暗了，再不是冬天那模样了——冬天向太阳屈服了，向春天认输了。人们凭雪的颜色就能知道，冬天完了，没戏了。亮晶晶的雪水顺着檐头的根根冰柱滴沥嗒啦，一滴滴，一串串，不停地流淌，天天流啊，流啊，院里院外到处都是一个个的水洼子，小雀子从角角落落飞出来，它们可开心了，在水洼子里扑棱着翅膀，涤去身上一冬积下的污垢。园子里的山雀鸣叫起来，声声如银铃摇响，欢欢的，清脆而又响亮。

太阳展开一双双温暖的翅膀，把和煦的春天送到人间。春天干活是有严格程序的。她的头一项工作是把大地从冰雪下解放出来，让土地直接接受太阳的温暖。不过，这时候，水还在冰下沉睡。积雪覆盖的森林也还没有苏醒。

在咱们俄罗斯，老祖宗传的习俗是这样的：3月21日春分这一天早晨，家家户户都用白面做出云雀来，然后在炉子上烤了吃。这是一种节

日小面包，捏成小鸟的样子，前面揪出个鸟嘴，再拿两粒葡萄干，给小鸟按上一对乌溜溜的眼睛。这一天，按规矩，我们打开鸟笼，把伴着我们唱了一冬的鸟儿放归山林。而我们近些年通常就从这一天开始我们的“飞禽月”。孩子们纷纷为我们的羽翼小朋友忙碌：把成百甚至成千的鸟屋，椋（liáng）鸟房啊，山雀房啊，做成树洞式样的鸟巢啊，一只只挂到树上去；把树枝交缠到一起，方便鸟儿们来做窝；为即将到来的可爱小客人们开办免费食堂；学校里，俱乐部里，也在这一天举行护鸟报告会，讲羽翼大军的到来，将怎样有利于我们的森林、庄稼、果园、菜园等，所以，对它们应该倍加爱护，应该怎样欢迎这些欢乐的羽翅歌唱家们。

3月，母鸡就可以在家门口喝水了，想喝多少就喝多少。

森林要闻

当白嘴鸦揭开春天的帷幕，森林里的一切开始慢慢苏醒。是谁冒着春寒开始产下宝宝了呢？谁又下了第一个蛋？在哪里能找到头一拨开放的花呢？

白嘴鸦揭开春天的帷幕

（发自森林的第 1 号电报）

春天的帷幕是由白嘴鸦揭开的。

卸去棉厚冬装的地面上，出现了成群成片的白嘴鸦。

白嘴鸦在我国南方越冬。但是我们这北方是它们生儿育女的地方，春天一到，它们就急不可耐地回到家乡来了。在归途中，它们一次又一次遭遇暴风雪的酷寒，几十只、成百只白嘴鸦因为气尽力竭，而在半道上丧命了。

最先飞回故乡的，自然是体魄最健壮的一批。这会儿它们正休息呢。它们散落在大道上，绅士般地踱着方步，时而伸出它们的硬嘴壳去刨刨土。

本来大片阴沉的乌云遮满了天空的，这会儿不见了。现在是一块块雪堆般的白云飘浮在蔚蓝的天空上。森林里最早一批小野兽出生了。麋（mí）鹿和狍（páo）子都长出了新角。金翅雀、山雀和凤头麦鸡开始在林中唱歌了。我们在等待着椋鸟和云雀飞来。我们在树根裸露的一棵枞（cōng）树下，找到了一个熊在里面冬眠的洞。我们轮流在这个洞旁守候，待熊一出来，我们就立即报道。

一股股雪水，在我们看不见的冰面下汇集。森林里到处在滴水，嘀嘀嗒嗒响成一片。树上的雪也在融化。夜间依旧很冷，严寒又再度将水冻成了冰。

雪地里的奶娃子

田野里满是残雪，但是兔妈妈们就陆续开始生产了。

小兔崽子一生下来，就东瞅瞅西瞧瞧，身上裹着件暖融融的皮大衣。它们一出世就会跑，只要吃饱奶，就从妈妈身边蹦开，躲到矮树林里，藏到密密的草丛中，趴着，悄没声儿的，不叫，也不乱蹿乱跳。

一天过去了。两天过去了。三天过去了。兔妈妈在田野里四处蹦蹦跳跳，它们早把自己的娃娃给忘记了。兔娃娃依旧趴在它们躲藏的地方。它们可不敢随便乱跑哟——它们一蹿动，就会被在天空巡弋的鹰隼们发现，或是脚印被正到处觅食的狐狸觉察。

它们就这么趴着。终于，它们看见自己的妈妈从眼前跑过去了。噢，不是的，这不是它们的妈妈，而是别的小兔子的妈妈——一个兔姨妈。

不过，小兔子还是跑过去相求："给我们点儿奶吃吧！"

"行啊，请吧，请吃吧。"兔子姨妈把小兔子全喂饱了，自己才接着向前跑去。

小兔子又回到矮树林里去趴着。这时，它们的妈妈正在给别的兔娃娃喂奶哩。

原来，兔妈妈们有这么一种规矩：它们把所有的兔娃娃看成是它们大家的孩子。兔妈妈在田野里跑动，不管在哪里遇到一窝兔娃娃，就给它们喂奶。自己生的，别个兔妈妈生的，反正都一样。

你们以为，小兔子没有大兔子照料，就一定活不成了吧？才不呢！它

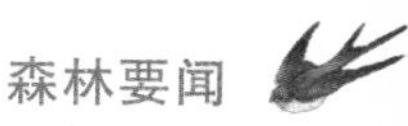

们身上有皮大衣，穿着可热乎呢，兔妈妈们的奶浆又稠又甜，它们吃一顿饱，就能几天不饿。

到了第八九天，小兔子们就能自己吃草了。

头一个蛋

雌老鸹[1]在所有林鸟中，头一个生了蛋。高高的枞树，那繁密的枝丫上还堆着积雪呢，雌老鸹的窝就筑在那上面。老鸹妈妈从不离窝，这样窝里的蛋才不会冻坏。它的食物，雄老鸹会去找来给它的，它自己用不着操心吃的。

头一拨花

头一拨花开了。不过别想在地面上找到它们——它们还被积雪遮盖着呢。森林里，只有在这阳光多些的林边，才能看到有水在汩汩流淌。林边沟渠里的雪水差点儿溢出了岸了。这不，就在这里，在暗褐色的春水水面上，秃溜溜的榛子树的枝头，绽出了头一批花儿。

富有弹性的须绺，从细枝上一缕缕垂挂下来，灰不溜秋的，有人说它们是葇荑（róutí）花序，其实它们并不是。你只需轻轻摇晃摇晃那须绺，就会见花粉从那上面纷纷撒落。

让人觉得不可思议的是，就在几棵榛子树上，还有别样儿的花。这种花，有的成双成对蹲在一起，有的三朵三朵蹲在一起。你说这是花蕾也可以，但在每个花蕾的尖端处，伸出一对像线又像小舌头的红色小东西。原来，这是雌花的柱头，它们在网罗从别的榛子树树枝上随风飘来的花粉。

风自由自在地在光秃的枝丫间游荡，没有稠枝密叶，没有任何东西阻挡它去摇晃那些葇荑花序一类的须绺，也没有任何东西去阻挡它去捕捉花粉。

微词典 ①老鸹（lǎo·gua）：也叫乌鸦。

榛子花终将凋谢，葇荑花序的须绺终将脱落，那些蓓蕾似的前面小花儿上的红线线也终将干枯，到那时，每一朵这样的小花，就都将变成一颗榛子。

尼·帕甫洛娃（生物学博士）

从洞里爬出来的是獾（huān）

（发自森林的第2号电报）

飞来了椋鸟和云雀。它们边飞边唱。

熊还不见从洞里出来。我们都等得有些不耐烦了：莫非它们都死在洞里了吗？

正当我们等得心焦时，忽然，积雪一下一下地拱动了。

不过，从积雪下钻出来的不是熊，是一只我们不曾见过的陌生野兽，它的个儿有出生不久的野猪那么大，通身披着毛，肚皮黑漆漆的，灰白的脑袋上，有两道黑色竖纹。

原来，我们看见的不是熊洞，是獾洞。从洞里爬出来的是一头獾。

獾在洞里过了一冬，现在它饿极了。它不能再睡懒觉了，它得天天夜里到森林里去找吃的，蜗牛，幼虫，甲虫，逮着什么吃什么，碰上有细小植物的根，它也吃，有野鼠，它就更要捉住不放了。

我们继续找熊洞，到处找。终于，又找到一个洞，这回可是货真价实的熊洞了。

熊还在睡觉。

水漫到冰上来了。

积雪塌了下去。琴鸟为求偶而鸣叫。啄木鸟擂起了鼓，咚咚咚咚，到处都能听见它们啄树的声音。

一种白颜色的小鸟，白鹡鸰（jílíng）鸟，它们笃笃笃地啄冰吃。

庄稼人不再乘雪橇出门，而是驾上马车了，所以，走雪橇的道路就一片稀烂了。

城市新闻

在喧闹的城市里，爱在屋顶开音乐会的猫们出来了，一位记者还走访了住在顶楼的居民，市民们能看到第一批蜕变出来的蝴蝶了。听，空中怎么传来了阵阵喇叭声呀？

屋顶上的音乐会

每天夜里，猫们都在屋顶上举行热闹的音乐会。猫们就喜欢开这样的音乐会。每次音乐会都是这样收场的：歌手们呜呜哇哇恶斗一场，随后各自散去。

沿着顶楼

《森林报》的一位记者最近几天巡察了市中心区的一些住宅，想了解了解住顶楼上的那些动物居民，它们的日子都怎么过的。

了解的结果是，占据着顶楼角落的鸟儿们对自己的居所非常满意。谁冷了就可以把身子贴近热乎乎的壁炉烟囱，享受免费的取暖设备。

母鸽已经开始孵蛋；麻雀和寒鸦在城市里四处转悠，搜集那些做窝的材料：什么细草茎儿呀，绒毛呀，羽毛啊，凡做软垫子用得着的，它们都搜集。

鸟儿们就是恨猫，恨男孩子——他们常常会去捣毁他们的窝。

麻雀乱成一团

椋鸟房旁边响起了喧嚣声和吵架声，闹腾得乱作一团，绒毛、羽毛、草茎随风飞舞。

原来是椋鸟房的主人回来了。这椋鸟见自己的住宅被占了，就跟来占它窝的麻雀不客气了，它揪住占它住宅的麻雀，毫不留情地往外撵；椋鸟赶走了麻雀不算，还往外扔麻雀的羽毛褥垫——连麻雀的一丝痕迹都不叫留下！

一个人站在脚手架上抹泥灰，他是被雇来修补屋顶裂缝的工人。麻雀在屋顶急得直跳脚，它一只眼睛斜睨屋檐下干活的工人，忽然，它大叫一声，向抹泥灰的工人扑将过去。工人用手里的小铲子一个劲儿驱赶。他没有想到，麻雀来同他拼命的原因是，他把裂缝都封死了，而那裂缝里有它下的蛋呢。

一片叫嚷声——有嘶声叫嚷的，有拼命打架的。风把茸毛和羽毛吹向了四面八方。

本报通讯员　尼·斯拉德科夫（大自然文学作家）

第一批蝴蝶

从蛹中蜕出来的蝴蝶，要在风中吹晾自己的身子，在阳光下晒干自己的翅膀。

最先蜕出来的，是那些在顶楼上过了一冬的荨麻蝶和柠檬蝶。荨麻蝶是黑褐色的，上头散布着点点红斑，而柠檬蝶则是黄颜色的。

燕　雀

公园和果园都有鸟儿在响亮地鸣叫，这是母燕雀。它们的胸脯是淡紫色的，头部是浅蓝色的。它们成群成片地聚在一起，等待公燕雀的到来。公燕雀们也总会飞来的，就是晚那么一些日子而已。

春　花

公园里，花园里，庭院里，前娘后娘花热热闹闹地开了。这是一种宽

叶片的黄色草花。

街头有人在出售采自林间的成束成束的春花。卖花人都把这种花叫作“雪下紫罗兰”。它们的颜色和香味其实并不像紫罗兰，可他们就这么叫。它们真正的名字应该是蓝积雪草。

树木也苏醒了。白桦的树液已经开始在树干里流动。

空中传来的喇叭声

一阵阵空中传来的喇叭声，城市居民不由得莫名惊讶。

太阳才显露玫瑰色朝霞，城市还没有苏醒呢，大街小巷都还一片寂静，因此，这声音听起来就格外清晰。

有些眼力特别好的，他们仰头仔细一瞧，就看见是一大群大白鸟，脖子全伸得挺挺的、长长的。它们擦着云彩飞翔。

这是一群成队列、成一线飞行的野天鹅，它们边飞边叫。

每年早春时节，它们就在咱们城市上空飞过，用大号筒似的声音叫着：“克尔鲁——鲁——克尔鲁——鲁——!”不过我们很少听到这叫声，因为街上车来人往，从天空传来的声音往往就淹没在喧嚣声中了。

这会儿，天鹅急着要飞往科拉半岛的阿尔亨格尔斯克附近去，那里有两条河，梅森尼河和培曲拉河，那河岸边，正是它们要去筑巢的地方。

熊出洞了

（发自森林的第 3 号电报）

我们在熊洞旁边轮流守候。

忽然，不知什么东西把积雪给拱起个小包包，不一会儿，就露出了一个黑乎乎的大野兽脑袋。

这爬出来的，是一头母熊。跟在它身后钻出来的，是两头小熊。

我们看见母熊张开红彤彤的大嘴巴，惬意地打了个大呵欠，接着就开步向森林走去。小熊们活蹦乱跳地跟在熊妈妈的后面跑。似乎就在我们

看着母熊走动的时候，它一下变瘦了，变小了。

它在森林里漫无目的地走动。它睡了这么长的一个觉，现在肚子该饿慌了，所以见什么就吃什么：细树根呀，枯草呀，浆果呀，饥荒的时候，什么都是可口的，遇上兔子什么的，它就更不肯放过了。

乡村消息

乡村田地里，绿色居民们开心地吮吸着金贵的春水，猪圈里的母猪们当妈妈了，马铃薯搬新家了，而菜摊上已经出现了新鲜黄瓜的身影……

流窜的春水被扣留住了

雪水没有得到任何人的许可，竟自作主张从田野流窜到洼地去了。

农人及时前去把逃窜的水扣留住。他们的办法是用结实的积雪在斜坡上拦起一道坝墙。金贵如油的春水被留住了，无声地往土里慢慢渗去。田里的绿色居民，感觉春水在渐渐穿过它们的根须——它们可高兴了。

猪圈里的新生儿

昨天夜里，农场猪圈里值班的饲养员们为母猪接生，小东西们个个肥头大耳、结结实实，它们吱吱叫个不停。九个幸福的年轻母亲，迫不及待地等着饲养员们把它们的小尾巴娃娃送过去喂奶。它们看着自己的翘鼻子孩儿，觉得要多可爱有多可爱。

在暖和的新居里

马铃薯从寒冷的仓库里被挪到了新房子里。

它们对新环境非常满意，就准备发芽了。

绿色新闻

菜摊上有新鲜黄瓜出售了。这些黄瓜在它们开花的时候，授粉工作不是由蜜蜂来完成的。它们生长的土地不是由太阳来烤热的。

但它们还是地道的黄瓜——胖嘟嘟的，生满小刺。这些多汁的黄瓜透出一股股清香来，那可不折不扣是黄瓜的清香，虽然它们是在温室里长大的。

把口粮给那些挨饿的朋友

积雪融化了。原来，在积雪下面长着细瘦的青草，现在，青草就把田野整个儿严严地覆盖了！

大地还没有解冻，草根从土地里吸收不到养料，可怜的小草啊，细瘦细瘦的，它们在挨饿呢！

不过农人们却把这些细草看成是宝贝。原来，这些细瘦的孱弱小草不是野草，而是秋播小麦。所以，农人们冬天就为它们准备好了营养食物，草木灰啊，家禽的粪便啊，牛羊的圈肥啊，还有养料盐什么的。

空中食堂里还会给挨饿的朋友分发口粮。

农场有自己的飞机，它从田野上空飞过，这飞行食堂就把食物撒下来，让每一棵麦苗都能吃得饱饱的。

林野专稿

在天大亮之前，当东方开始泛白的时候，一只雷鸟开始“特哎、特哎，喀特、喀特”地叫起来。躲在林间的护林员知道，这是雷鸟们准备交尾的信号。

雷鸟交尾的地方

五更时分，护林员坐在林间吃带来的东西，喝水壶里的水，要晓得，这时可不许生火，一生火，鸟儿们就受惊吓了。

用不到等太久，东方就将升起朝霞了。雷鸟的交配时间，都在天大亮前。

天亮前的幽暗中，一只猫头鹰闷闷地叫了两声。

这该死的猫头鹰，它这恐怖的叫声会把赶来交配的雷鸟给吓跑的啊！

东方开始泛白了。这不，什么地方一只雷鸟唱起来了。那声音低弱得你竖起耳朵才能听见——特哎、特哎，喀特、喀特……护林员立刻站起身来倾听。

另一只雷鸟叫起来了。就在不很远的地方，离护林员大概只有 150 米光景。

第三只雷鸟叫了……

护林员蹑着脚步向一棵粗大的枞树走去。

特哎、特哎的叫声停了。一个磨牙般的叫声，叽咕、叽咕，那是大雷鸟的叫声。

护林人从原来站的地方跳了三步——一步，两步，三步，就站定不动了。

歌声中断了。林间一片寂静。

一定是雷鸟警觉了。它正留神听呢。雷鸟可机灵呐，只要你碰得树枝轻轻一响，它就会嘟一下飞开去，在森林里把翅膀拍得哗啦哗啦乱响，响声过后，就无影无踪了！

于是什么声音也听不见了。又听见特哎、特哎的叫声，这叫声恰似两根会发响的木头轻轻叩击着。

护林人站住不动。

雷鸟又开始特哎、特哎悠悠地唱了。

护林人向前跳了一步。

雷鸟发出叽咕一声，就停止了歌唱。

护林人抬起的脚没落地，就僵停在那里不敢动了。雷鸟骤然停声，说明它是在听呢。

接着开始特哎、特哎地唱。

这样反复好几次。

这会儿护林人离雷鸟已经非常近了，雷鸟就在这儿棵枞树上，不高，在树的半腰。

雷鸟陶醉在自己的歌声中，陶醉得头脑有些发昏，现在你就是高声嚷嚷，它也听不见了！

不过，它到底在哪儿呀？那枞树的针叶密密丛丛，黑压压一片，看不清它在哪里。

嗨！原来在那儿！在一根蓬开的枞树枝上，就在他近旁，在离他只有三十来步远的地方，那不是，一条长长的黑脖子，一个垂着山羊胡子的鸟头，尾巴像大山子似的展开……

特哎，特哎……不一会儿，雷鸟又婉转地唱开了。

八方呼叫

在春分这一天，《森林报》编辑部向国家的东、南、西、北四面八方呼叫，请大家通报各自的近况。编辑部会收到怎样的回复呢？一起来看看吧。

注意啦！注意啦！

我们是《森林报》编辑部。

今天是3月21日，是春分。

东方！南方！西方！北方！请注意啦！我们向你们呼叫！

苔原，原始森林，草原，群山，海洋，沙漠！都请注意啦！我们向你们呼叫！请你们通报那里近来的情况。

喂！喂！这里是北极

春分，在我们这里是一个重大的节日，经过漫长的冬季，今天头一次出太阳！

头一天的太阳从海洋里只露出了一个头顶，就一点点边儿。才几分钟，就不见了。

过了两天，太阳探出半个脸儿。

又过了两天，太阳才整个儿钻出了海面，真正与海面脱离了。

现在，有了高挂在天空的太阳，我们总算可以过上个短短的白天了。虽说是从太阳出来到落下，才个把来钟头，可这也总算是我们的白天啊。

不用说，光明会越来越多——明天，白昼会比今天长一点，而后天呢，自然会比明天更长一点。

我们这里，水面和陆地都覆盖着厚厚的雪层，结着厚厚的冰。白熊在它们的冰洞里睡得正酣。放眼四望，没有一片绿芽，没有一只飞鸟。现在北极只有严寒和风雪。

喂！喂！这里是西乌克兰

我们在播种小麦。

白鹳（guàn）从南非回到我们这里。我们十分乐意它们来我们的屋顶上住，所以我们搬来一些很重的车轮，搁到房顶上，让它们在里边做窝。

看，白鹳叼来粗粗的树枝，放在车轮上，开始做窝了。

今年蜜蜂迟迟不来，我们那些养蜂家急得要命。因为爱吃蜜蜂的金黄色蜂虎鸟飞来了。这种小鸟乍看倒挺文雅的，羽毛也很华丽，其实它们是蜜蜂的天敌。

喂！喂！这里是新西比尔斯克原始森林

我们这里同你们那里差不多，也是在原始林带，多为针叶林和混成林——其实，我们整个国家都横亘着这样的原始林带。

我们这里夏天才飞来白嘴鸦。这里的春天是从寒鸦飞来那天算起的：寒鸦不在我们这里过冬，每年春天，都是它们最早飞到我们这里来。

我们这里一到春天，天气就一下子暖和起来。春天很短，一晃眼就过了。

喂！喂！这里是外贝加尔草原

成群成群的粗脖子羚羊动身到南方去了：它们离开我们到蒙古去。

羚羊怕冷，所以融雪的头几天对它们来说，是不折不扣的灾难。白

天，雪化成了水；而夜间天一冷，水又结成了冰，一望无际的草原整个儿变成了一个奇大无比的溜冰场。羚羊那光滑的骨蹄，像站立在镜面上那样，四只脚直往四面滑。而羚羊，是完全要靠它那四条跑起来呼呼生风的腿活命的呀！

多少羚羊啊，在这春寒天气里被狼或别的猛兽吃掉了！

喂！喂！这里是苔原，是雅玛尔半岛

我们这里还十足是冬天，连一丝春天的气息都嗅不到。

北地驯鹿饥饿难耐，去寻找青苔果腹，它们正用蹄子刨开积雪，把冰面敲破。

乌鸦迟早会飞来的！每年的4月7日是我们的“乌鸦节”——我们把乌鸦飞来的这一天当作春天的开始，就好像是你们那里把白嘴鸦飞来的那天当作春天的开始那样。我们这里根本就没有白嘴鸦。

喂！喂！这里是高加索山区

在我们这里，春天是从下往上到来，先到低谷地带，然后才一步一步往高地走。

山顶上下着雪，而山下的谷底里却下着雨；小溪在山间奔流，第一次春水在谷地泛滥了，暴涨的河水很快漫上了河岸。浑浊的河水匆匆流向大海，一路把冬天积

下的东西都带走了。

在山下谷底里，花开了，树上的叶子舒展开来。葱翠的新绿，借着南山坡充足和煦的阳光，一天天向山头爬上去。

鸟类、啮齿类动物和食草的野兽，就都跟着这新绿向山顶移动。随即，狼啊，狐狸啊，野猫啊，连人都害怕的雪豹啊，也追踪着驼鹿、牝（pìn）鹿、兔子、野山羊……向山上跑去。

冬天向山顶步步撤退。春天跟在冬天的后面追赶，一切生物也就紧跟着春天上山了。

一二678，哪个你能答

1. 净雪，脏雪，这两种雪哪种融化得快？
2. 森林里，哪一种鸟的羽毛在春天里会明显地改变颜色？
3. 什么时候野白兔最容易被发现？
4. 小兔子生下来的时候，眼睛是睁着呢，还是闭着的？
5. 为什么森林里的树拼命地往高处长，枝叶不蓬开，而旷野中的树，枝叶向四面横向舒展，蓬开来，像把伞？
6. 在鸟类中，吃昆虫的鸟的嘴、吃谷类的鸟的嘴、吃小兽和小鸟的鸟的嘴，是长得不一样的，有什么不一样？
7. 兔子啃树皮应该从挨近树根处啃起，却为什么啃高处的树皮呢？
8. 什么动物带着树丫跑得快？

春（第二号）

候鸟回乡月（4月21日到5月20日）

太阳进入金牛宫

候鸟浴着明艳的阳光归返故乡

4月是融雪的月份。

4月现在还没有苏醒，可4月很快就会苏醒的。4月一来，天气就将暖和起来了。你瞧着吧，还会发生些值得一看、值得一听的事呢！

在这个月份里，水从山上淌下来，鱼儿从它们避寒的洞穴里游出了。春天把大地从积雪底下拽出来，接着就执行它的第二项任务：把水从冰层底下解放出来。雪水汇聚成的小溪无声地流入河床，河水涨起来，挣脱了冰的羁绊。春水滚滚奔流，越流越急，谷地于是就泛滥成一片大水了。

土地饮足喝饱了春水和温雨，就披上了浓绿的新装，上头缀着五色斑斓的春花，那娇羞的样子，着实好看哩！森林却还赤裸裸地站在那里。森林知道，到时候，春天就总会来照料它的，会来让它变得丰茂和华美的。其实，赤裸也就是外表看起来是这样，而树干里头已经在暗暗地流动了，那不是，芽膨胀了，地上的花儿开了，树梢枝头的花则绽放在空中。

鸟类往它们的出生地大迁徙

天气变得越来越暖和，在他乡过冬的候鸟开始往出生地迁徙。它们按照亘古不变的飞行路线和规律，经受千难万险，冲破重重障碍，坚定地飞向出生地！

在南方越冬的鸟类，像海浪涌动一般，一波一波地从南方越冬地起飞。它们的飞行都保持严整的秩序，齐刷刷的，一群一群往自己的出生地进行大迁徙。

今年候鸟大搬场，经过我们这里时的空中路线，还同往年一样，飞行时所遵行的那套规矩还一如它们的祖先，这规矩几千年、几万年、几十万年都不会变的。

头一批启程的，是去年秋天最后一批离开我们的鸟。最后动身的是那些去年秋天最先离开我们的鸟。在这些鸟群后面飞来的，是那些羽毛鲜亮华丽的鸟。它们要等这里新春的青草绿叶长出来后才飞到这里。因为飞来早了，在空无一物的大地上、树木上，它们太显眼。现在我们这里还找不到可供它们掩蔽的东西，可供躲避猛兽和猛禽敏锐的眼睛、让天敌都发觉不了它们的东西。

鸟类的海上飞行路线，恰好穿过我们的城市，经过我们城市的上空。这条空中飞行线叫作波罗的海线。

这条海上长途飞行路线，一端在昏暗的北冰洋，一端在炎热的地域，那里阳光充足，花繁树茂。数不胜数的鸟群，海鸟群和栖息海边的鸟群，在空中飞行。一种鸟有一种鸟的队形。它们沿着非洲海岸飞行，穿过地

中海，经过比利牛斯半岛和比斯开湾的海岸，越过一条条海峡，飞过北海和波罗的海。

一路上，等待它们的是各种困难和灾难。浓雾会像厚厚的幕墙似的，突然出现在这些羽翼旅行家们面前。它们在潮湿的昏暗中看不清方向，迷了路，就盲目地冲冲撞撞，碰上看不见的悬崖峭壁，就不免粉身碎骨。

海上暴风频频刮断它们的羽毛，挫伤它们的翅膀，把它们吹到离海岸很远的地方去。

突如其来的春寒把海水冻起了冰，有些鸟经不住苦寒和饥馑，就毙落在半道上了。

成千上万的鸟，丧身在那些贪食无厌猛禽——雕、鹰和鹞的利爪之下。

这期间，有许多猛禽集合在海上飞行的路线上。它们不用出什么力，不用费什么劲，就能享受到轻易到手的丰美野餐。

也有数以千万计的海鸟，死在猎人的枪口下。

可是，重重艰难险阻挡不住羽翼旅行家们那挤挤挨挨的飞行队伍。它们穿过浓雾，冲破一切障碍，向着自己的出生地飞来。

我们这里的候鸟，并不都是在非洲过冬的。所以，也并不都是在波罗的海候鸟路线上飞行。有些候鸟是从印度飞到我们这里来的。有一只水鹬（yù）越冬的地方更远，在美洲。它匆匆飞到这里，得穿过整个亚洲。它从它过冬的住处，到我们的阿尔亨格尔斯克附近的老巢，差不多需要飞行 15 000 公里，路上需耗时两个月光景哪。

戴脚环的鸟

如果你打死了一只脚上戴了个金属环的鸟，环上有个号码，你就把带有号码的环取下来，寄到中央鸟类装环局去！地址是：莫斯科，K—9，赫尔岑大街 6 号。并请附上一封信，说明这只鸟是在什么地方、什么时候被你打死的。

如果你捉到一只戴脚环的鸟，就请你记下脚环上所压镌的字母和号码，把它放掉，然后写一封信，把你的发现告诉上面所说的那个机构。

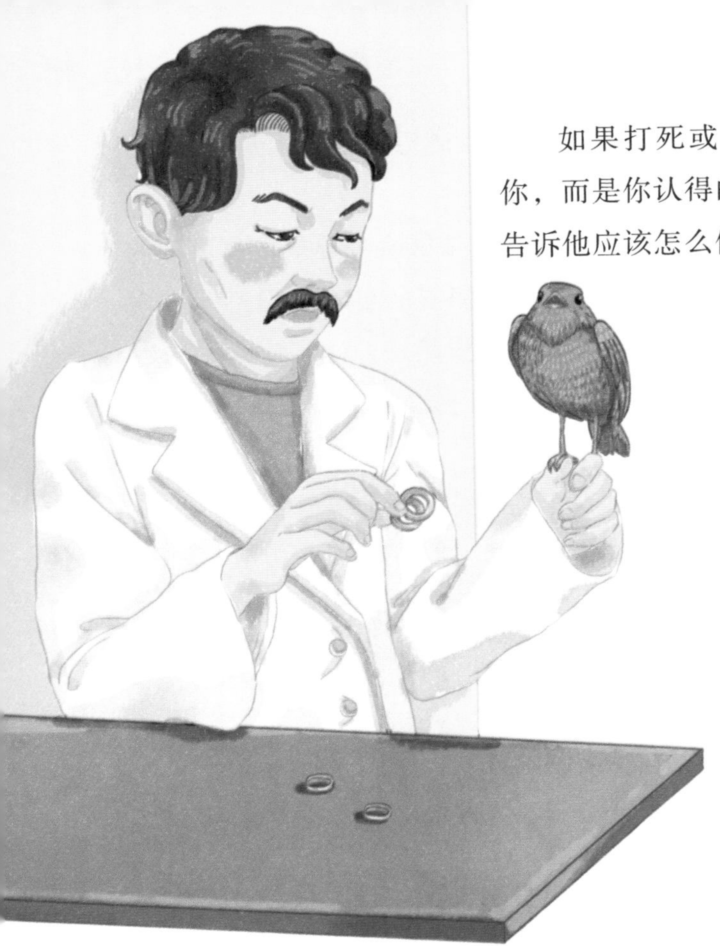

如果打死或捉到戴脚环的鸟的人不是你，而是你认得的猎人或捕鸟人，那就请你告诉他应该怎么做。

一种轻金属环，一种铝环，套在鸟的脚上，环上的字母说明给该鸟戴上脚环的是哪个国家的哪个科学机构。那压镌在脚环上的号码是科学家们登记在册的，也就是说，登记册里也记着相同的号码，号码注明他是在什么时候、什么地方给这只鸟戴上脚环的。

科学研究人员用这种方法来探知鸟类生活的令人意想不到的秘密。

比方说吧，在我们国家遥远的北方某地，给一只鸟戴上了脚环，后来，它在非洲南部，或是印度，或是其他地方，落在别人手里，那个地方的人会把脚环从它脚上取下，寄回我们国家来。

不过，我们这里的候鸟并不都是飞到南方去过冬的：有的是飞到西方去的，有的是飞到东方去的，有的甚至是飞到北方去过冬的！我们就这样用给候鸟戴脚环的办法，探知候鸟生活的部分秘密。

森林要闻

郊外的道路现在是一片泥泞，而孩子们依然兴高采烈地去沼泽地采摘越橘，昆虫们因为柳树开花而过起了热闹的节日，森林里的保洁员们也出动了……

泥泞时期

郊外现在是一片泥泞，不论是林中道路，还是村道，雪橇和马车都没法儿走。我们要探知些林中消息，需得费很大劲。

雪底下的浆果

林中沼泽地上，越橘从雪底下钻出来了。村里的孩子们常常跑去采越橘。他们说，隔年的陈浆果要比新浆果甜。

昆虫过节

柳树开花了。它那青灰色的疙里疙瘩的枝条，虽然粗壮，却被无数轻盈的鲜黄色小球遮掩得看不见了。它浑身毛茸茸、轻飘飘的，快乐地浸浴在无限春光中。

柳花盛开，这就是说，昆虫的节日到来了。柳树从四周的热闹景象，让人想起快活的枞树节。熊蜂嗡嗡嗡响成一片；蜜蜂们专心致志地在忙着翻动一根根纤细的雄蕊，采集花粉。

蝴蝶翩翩跹跹。瞧，这是一只黄蝴蝶，翅膀上雕刻着鲜丽的花，它是柠檬蝶；而那边那只眼睛很大的棕红色蝴蝶，是荨麻蛱蝶。

你再瞧这边，一只长吻蛱蝶在毛茸茸的小黄球花上面停落了，它用它那带有黑块的翅膀遮住了小黄球，把吸管深深插进雄蕊里去寻找花蜜。

这里的柳树不止一种，在这些鲜艳的充满喜气的柳树丛旁，还有一种也开了花的柳树，它的花完全是另外一个样子，是些灰绿色的小毛球，虽然也蓬蓬松松，但样子不好看。小灰绿色毛球上面也停着昆虫，却远没有黄球花那边热闹。然而，你别小看这棵树，柳树的种子还正是在这棵树上结着呢！原来，昆虫已经把黏糊糊的花粉从小黄球上搬到灰绿色的小毛球上来了。用不了多久，每一个小瓶子似的长长的雌蕊里，都将结出种子来——一批新的柳树生命，将成功地在这里孕育。

尼·帕甫洛娃（生物学博士）

池塘里

池塘又活过来了。

青蛙离开了淤泥里的冬眠床，产过卵，从水里跳上了岸。

而蝾螈（róngyuán）刚好相反，现在它从岸上回到水里。

蝾螈的颜色是褐里带黄的，尾巴很大，样子与其说它像青蛙，不如说它像蜥蜴。冬天，它离开池塘到森林里来过冬，躲在潮湿的青苔里睡觉，一直睡到春阳照临。

癞蛤蟆也醒了，也产了卵。不过，癞蛤蟆的卵跟青蛙的卵不同。青蛙的卵是一团团的，胶冻状，每一个小泡泡里有个圆圆的小黑点。癞蛤蟆的卵，却是由一条细带子连起来，成条成串的，附着在池塘底面的水草上。

森林保洁员

冬天，有时严寒突然袭来，有些鸟兽没有防范，一时不知所措，冻僵了，埋在雪下。春天一到，它们就露出来了。但它们不会在那里躺很久

的，熊啊，狼啊，乌鸦啊，喜鹊啊，埋葬虫啊，蚂蚁啊，还有别的林中公共场地保洁员，它们会来及时把它们清理干净的。

它们是春花吗？

现在已经能够找到许多开花的植物了。它们是三色堇，是荠菜，是遏蓝菜，是蓼（liǎo），是野菊，等等。

你别以为这些草都跟春花一样。春花是从地下钻出来的，是先探出点绿色的梗，然后用尽它那点微薄的气力，一伸腰，小小的花儿就开了。

三色堇、荠菜、遏蓝菜、蓼和野菊等，从不曾躲到地里去过冬。它们开着花迎接冬天，是林中勇敢的花。头上的白雪天花板一经消融，阳光一照，它们就醒过来了，花和蓓蕾也显出了蓬勃的生气。

去年晚秋，我们在林中看到的那些草茎上的蓓蕾，现在都开成了花儿，它们从草丛里正向着我们看呢。

该怎么算呢，它们算是春花吗？

尼·帕甫洛娃（生物学博士）

会飞的小兽

森林里，一只啄木鸟大声叫起来了。那声音实在太大，我一听，就知道啄木鸟遇到祸事了！

我穿过密林去，一看，见空地上有一棵枯树，枯树上有个挺规整的树洞。那是啄木鸟的窝。一只从不曾见的小兽，正沿树干向那窝爬去。我叫不出那是什么兽！灰不溜秋的，尾巴不长，不蓬松，圆耳朵很小，跟小熊耳朵差不多，眼睛大而凸，像鸟类的眼睛。

小兽爬到洞口，往洞里瞅了一眼，看有没有鸟蛋可掏……啄木鸟拼死向它扑去！小兽往树后一闪。啄木鸟追了过去。小兽绕着树身滴溜溜转，啄木鸟也跟着转。

小兽爬呀爬呀，爬到了树梢，再上不去了！笃的一声，啄木鸟上去啄了它一嘴！小兽从树上反身跳起，随即就在空中向下滑翔！……

小兽的四爪向四面伸开，像一片枫叶似的飘在空中。它的身子一会儿侧向这边，一会儿侧向那边，小尾巴像舵一般转动着平衡身体。它飞过了草地，落在了一根树枝上。

这时，我才忽然记起来，它应该是一只鼯（wú）鼠，一种会飞的小个子野兽。它会飞，是因为它的两肋上有薄薄的皮膜。它伸出四个脚爪，打开皮膜，就能飞翔起来。它是我们森林里的跳伞运动员！只可惜这种小兽太稀少了。

本报通讯员 尼·斯拉德科夫（大自然文学作家）

春水泛滥

春天，雪融化得很快，河水说涨就涨起来，迅速淹没了两岸。有些低洼地带一片汪洋。动物遭殃的消息从四面八方传来。受灾最严重的是野兔、鼹鼠、野鼠和田鼠，还有其他一些生活在地面和地下的小动物。大水一下冲进了它们的住宅，这些小动物只好弃家外逃。

小动物们谁都想逃命，逃得越快越远越好。

小个子动物鼩鼱（qújīng）逃出洞来，爬上矮树林，蹲伏在树枝上等水退去。鼩鼱奔逃的样子真是可怜，因为它太饿了。

水涨得太猛。鼹鼠要不是它逃得快，就得被迅速漫上来的水闷死在自己洞里了。它从地底下爬出来，冲出水面，赶快游动。它得找个干燥的地方去避难。

鼹鼠倒是个出色的游水能手。它游了好几十米，才爬上岸来。它觉得自己的运气不错，它那身油亮亮的毛皮，本是很容易被发现的，却幸而没一只猛禽看见它。

它爬上岸后，又顺利地钻到地下，躲起来了。

树上的兔子

有一只兔子，在春水泛滥时发生了这样的故事。

一条宽阔的河流中央，有一个小岛，岛上住着一只兔子。兔子每天晚

上出来啃小白杨树的嫩皮，白天悄悄躲在矮树林里，不然被狐狸看见，就没命了。

这兔子年纪还小，是一只不算聪明的兔子。

它总是不大留意河上发生的变化。河水把许多冰块冲到小岛周围来了，噼里啪啦的声音响成一片，它也没有觉察。

发大水这一天，兔子在矮树下的家里睡觉。太阳晒得它浑身暖洋洋的，所以睡得特别香甜。它压根儿就没发觉河水正迅速地涨到它沉睡的岛上，直到它觉出身子底下的毛都湿了，这才猛一下醒过来。

当它跳起身来要逃命的时候，周围已经是一片汪洋了。

发大水了。不过现在水才漫过兔子的脚背，它赶紧往岛中央逃去——那里还是干燥的。

可是水涨得很快。岛越来越小，干燥的地方越来越少。兔子从这边窜到那边，又从那边窜到这边。它看到这个小岛用不了多久就都将淹进水里去了，而它又不敢往冰冷的激浪里跳。这样滚滚滔滔的河水，它是断乎游不到岸边的。

它就这样心惊肉跳地过了一天又一夜。

第二天早晨，小岛只剩巴掌大一块小地方露在水面了。幸好顶上有一棵粗大的树，上头长了很多节疤。这只吓得魂飞魄散的兔子，绕着大树跑，跑了一圈又一圈。

第三天，水涨到树脚下了。兔子拼命往树上跳，可是每跳一次都掉落下来，扑通一声跌进了水里。

最后，兔子总算跳上了离地面最近的粗树枝，好不容易在那上头找到了一个安身处，它就在那上头耐心等待大水退去。

水倒不再上涨了。

它并不担心自己会饿死，

因为老树的皮虽然很硬很苦，不过肚子饿得慌时，还是当得食粮的。

对它生命威胁最大的还是风。风把树枝吹得东摇西晃，兔子抓不稳这剧烈晃动的树枝。它像一个趴在桅杆上的水手，脚下的树枝恰似船帆在风中摇摆的横杆，下面奔流着深不可测的冰水。

兔子眼看着身下汹涌的激流里，随浪起起伏伏漂浮着大树、木头、枯秸，还有动物的尸体。

倒霉的兔子看见另一只兔子随水浪慢慢漂过去，那上下晃荡的样子吓得它筛糠一般地哆嗦不止。那只死兔子的脚挂在一根枯枝上了，它肚皮朝天，四脚僵直，跟树枝一样漂流着。兔子就这样在树上趴了三天。

后来，水落下去了，兔子才跳到地上来。

现在它只好就这样在河中的小岛上待着，一直待到夏日到来。夏天，河水浅了，它才有幸跑到河岸上来。

林国里的搏战

森林里的树木，经常发生种族间的争斗。

我们走进森林，首先看到的是枞树林。它们个个都是森林国里的老战士。两三棵电线杆高的老枞树，笔挺挺站在那里，它们是这密林里资格最老的长者，始终保持着阴郁的沉默。它们的树干，从基脚到稍头都是光溜溜的；只偶尔有几根枯枝，弯弯扭扭地往上翘起。

针叶树是树林里的巨人，它们在高空中伸开它们毛蓬蓬的巨掌，相互臂挽着臂，大屋顶一般笼盖住了整个的森林国。阳光射不穿它们厚厚的帷帐，下方黑魆魆的，不透一丝儿风。这里能闻到一种潮湿和枝叶腐烂的气味。好不容易生长出几株小植物来，也都因为得不到阳光而枯萎了。唯有灰藓和地衣对这种憋闷的国度感到满意，它们能贪婪地汲取树液这种主人的血汁，虽然它们的主人已经在林国的争斗中倒下了，但是它们依旧密密麻麻地趴在大树的尸体上。

这里碰不上一只野兽，也听不见一声小鸟的歌唱。偶能见到一只孑然索居的猫头鹰。这只猫头鹰是藏到这里来躲避阳光照射的。它被走进森

林里来的人吵醒了。它竖起它的羽毛，抖动它的胡须，钩状的硬嘴壳发出啧啧的声音。

在枞树种族的领地里，只要不刮风，就一片哑静。风从树梢上刮过的时候，那些挺立着的树巨人，也只是摇动摇动它们蓬满针叶的树梢，气势汹汹地嘘嘘几声，然后又归于沉寂。

在老树林里，数不胜数的枞树个儿最高，最大，最强壮。

我们走出枞树的地盘，再走，就是白桦林的地盘了。

在这里，皮肤白皙、绿发卷卷的白桦树和银色的白杨树，用窸窣声欢迎走进树林里来的人们。许多鸟儿在他们的枝叶间歌唱。阳光穿过树梢撒下五色斑斓的光点，于是光滑的树干上不时跑过金亮亮的兔子、金亮亮的蛇，滑过圆圆的小圈儿，还有月牙儿和小星星。地上长满了矮草，密密丛丛，这青青的一族，在大树帐篷下觉得像在自己家里一样自由自在。

野鼠、刺猬和兔子在我们通讯员的脚下窜来窜去。风从上面吹过的时候，这个快乐的国度里，就发出一片欢腾。在没有风的日子里，这里也并不静寂无声。这里有树叶颤动发出的细碎声音，沙沙地响个不停——它们没完没了地低语着，从白天到晚上，从晚上到白天。

这个森林国度的边界是一条河。河那边是一片空阔地带。那边原来也长着大树的，只是树都被砍掉了，这空阔地再过去，有一堵像矗立的黑漆漆的大墙——那又是一个一望无际的枞树林群落。

我们知道，森林里的冰雪一旦融化，这片空阔地带就会变得不再荒寂，它将变成一个你死我活的战场。

树木种群的居住地总是显得太挤窄。如果旁边有一点新空地可以去占领，它们就都立刻出动，恨不能马上就把它抢到手。

我们过了河，在林木采伐迹地上搭起一个帐篷，住下来，决意要亲眼看看这场决斗都是怎么发生的。

我们终于等到了。一个阳光和煦的早晨，从远处传来一阵噼里啪啦的声响，就像是长枪在互相对射。

我们赶快赶过去看。

却原来是枞树发动进攻了——它们出动空军来占领这片砍光了树木的土地。

太阳晒热了枞树的大球果。球果边发出了噼里啪啦的声音。球果一个接一个裂开了。每一个球果裂开时都发出砰的一声响，仿如有人在玩玩具枪似的。球果本来紧紧包裹着的鳞片一下张开来。球果就仿佛是一个秘密的军事掩蔽部，它一张开，种子就像小小的滑翔机，立即从里面飞出来。风托住它们，风捧着它们，一路旋转，一会儿举得高高的，一会儿又放得低低的，这样一直飞向前去。

每棵枞树上有成百上千个球果。每个球果里都藏着百来架种子滑翔机。无数的种子在空中飞着，往采伐迹地上散播。

但是枞树的种子有相当的分量，翅膀又只有一扇，所以小风并不能把它们带得很远。因此，它们飞到半路就掉下来了，这样就没能播遍整个空地。几天后，刮来了一场大风，枞树种子滑翔机这才算把空地全部占领了。

不料接下来的几个早晨，倒春寒把种子冻得七死八活。不过好在后来下了一阵春雨，土地变柔软了。这柔软的土地可以收留这批差点儿被冻死的小移民了。

枞树族群占领采伐迹地的时候，河那边的白杨正开花。它们那无数毛茸茸的葇荑花序里的种子，才刚开始成熟。

过了一个月。夏天临近了。

枞树族群领地里开始过喜庆的节日了。它们在自己的树梢上点起了红蜡烛——那是新球果结出来了。枞树们全换上了节日的盛装，瞧，它们那墨绿色的针叶树枝上缀满了金黄色的葇荑花序。

枞树开花了，这就是说，它们在储备来年的种子了。

它们播撒在空地上的种子，被温暖的春水泡了些日子，现在开始膨胀了。该是它们钻出来见世面的时候了，年轻的枞树林要来占领这片土地了。

这时白桦树还没有开花呢！

我们想到，这白桦树是准没有占领这片新大陆的机会了。枞树族群捷足先登，其他树木统统错过了占领的机会。

战争看来是打不起来了。

乡村消息

当农人们将拖拉机开上庄稼地，地里便开始欢腾起来；在新家过得舒舒服服的马铃薯，这天又迎来了盛大的节日；人们在不少的黑醋栗树上，发现了一些奇怪的芽……

欢腾的庄稼地上

农人们一把拖拉机开上庄稼地，羽毛黑里透着点蓝的白嘴鸦立刻飞来了。它们大模大样地摇晃着身子，一步一步地跟在拖拉机后面走。在离拖拉机远些的地方，灰色的乌鸦和白腰身的喜鹊，在蹦着跳着向前走动。它们欢欢喜喜地啄食犁和耙翻出来的蛆虫、甲虫和甲虫的幼虫，这些都是它们的美味的点心呢。

清晨和傍晚，当红霞满天的时候，在蓬蓬勃勃的万绿丛中，时而传来一串串声音，似乎是一辆看不见的大车在响，又仿佛是一只硕大无朋的蟋蟀在叫：

“切尔——维克！切尔——维克！”

这声音不能是大车，也不能是蟋蟀，却原来是一只羽毛华丽的地头公鸡——灰公山鹑在叫。

它通身一色灰，间杂着些白花斑，两颊和颈部橘黄色，脚是黄的，眉毛是红的。

它的妻子母山鹑，在一片葱绿的草丛里选中了一个地方，就准备在那里做窝产蛋。

草场上，新草发青了。这不，天刚放亮，牧童们就把牛群和羊群赶到草场上去。阵阵牛羊响亮的欢叫声，把小房子里的孩子们都吵醒了。

有时人们可以看到马背上和牛背上的骑士——它们是寒鸦和白嘴鸦。牛走着，羽翼骑士们在马背牛背上啄着，笃一嘴，笃一嘴，啄得很欢！牛马本来是可以用他们的尾巴撵苍蝇似的把它们赶跑的。然而它们忍耐着，不甩动尾巴，不撵它们。这是为什么呢？

道理很简单。它们背上的小骑士们没有什么重量，对牛马不算负担，却给牛马做了好事。寒鸦和白嘴鸦是以啄食牛马毛里的牛皮蝇、马虻的幼虫为生的；还有，苍蝇下在牛马破伤皮肤上的卵，也在这时候被它们啄进了肚子。

熊蜂只只肥胖硕大，浑身毛茸茸的，它们早就醒来了，嗡嗡嗡叫个不停；细腰马蜂通身亮晶晶的，它们也呜呜不停地飞旋。离蜜蜂飞出来的时候，也该不远了。

农人们把藏蜂室里和地窖里收着过冬的蜂房拿出来，放在养蜂场上。蜜蜂扑扇着它们的金色翅膀从蜂房里飞出来，在阳光下逗留了一阵，晒得暖洋洋的，然后张翅飞向花丛采集甜蜜。它们的采蜜活动，就这样开始了！

马铃薯的节日

如果马铃薯会唱歌，你们就能听到所有歌曲中最最欢乐的歌了。

今天是马铃薯盛大的节日！

就在今天，马铃薯运到田里去播种。农人们轻拿轻放，小心地把它们装进木箱里，码在汽车上，运走了。

为什么必须轻拿轻放呢？为什么要装箱而不是装麻袋呢？

因为马铃薯已经发芽了。生出了好多好多的芽哟，简直是奇迹——短短的、细嫩细嫩的芽，它们在太阳底下晒了几天，都黑了。那些下面宽大的小凸包，是正发出来的根。芽的梢头是尖尖的，都能看见小片小片的叶子了。

农活开始了

拖拉机连日连夜在田里轰隆隆开着。夜里，没有谁陪伴它们，可一到早晨，寒鸦就成群结队飞来，放肆地在拖拉机周围忙着捡它们喜欢的蚯蚓吃，拖拉机翻出来的蚯蚓太多了，它们都吃不完呢。

在河边，在湖畔，跟在拖拉机后头捡蚯蚓吃的，已经不是一拨拨黑不溜秋的寒鸦了，而是一群群白色的鸥鸟——鸥鸟也喜欢吃蚯蚓，还有在泥土里过冬的甲虫幼虫。

奇怪的芽

不少黑醋栗树上的芽很奇怪：很大，胖胖的，圆圆的。有的芽崩裂了，像一个个小不点的球体甘蓝叶。用放大镜仔细观察了这些芽，我们不由得大声惊叫起来，噢哟！里面满满的都是让人讨厌的生物，它们长长的，弯弯的，腿一蹬一蹬，胡子一翘一翘。

原来，芽肚子绷这么粗大，是因为有这么多扁虱子在里面冬眠哪！这虱子可是黑醋栗最可怕的敌人。它们把黑醋栗的芽全毁了，还把传染病带到黑醋栗树上去。黑醋栗树害了这种病，就不结果实了，就绝收了。

要是一棵黑醋栗树上这样膨大的芽还不多，就得趁扁虱子还没有爬出来，赶紧把这种病芽摘下，烧掉。而要是这样膨大的芽已经很多，那么，就只好连树都砍掉了。

尼· 帕甫洛娃（生物学博士）

城市新闻

在城市中，城郊公园传来了夜莺的啼啭，果园里、公园里又迎来了长吻蛱蝶与C字白蝶，街头因为蝙蝠和燕子们的回归而重新变得闹腾起来。

咕——咕

5月5日一大早，城郊公园里传出了第一声“咕——咕!”。

一个星期后，一个温煦、宁静的傍晚，矮树林里忽然有一只什么鸟叫起来了，叫得这样悦耳，这样动听。起先叫得轻，后来就越叫越响，接着就放声啼啭了，那声音的脆亮，就像是从高空撒下一把又一把的小豌豆!

于是，大家听明白了：这是夜莺在丛林里啼啭。

在果园里，在公园里

就像是我们冬天呼出来的气似的一层绿雾，透明而柔和，把树木都笼罩了。

这种绿莹莹的雾，要等头一批黏糊糊的叶子爆出来才消散。

飞来了一只美丽的大蝴蝶，是长吻蛱蝶。它的翅膀黑黝黝的，上头散布着一些浅蓝色的圆斑，宛若平铺的天鹅绒。翅膀的末梢是白的，浓丽的颜色到这里就褪去了，褪尽了。

又有一只蝴蝶十分引人注目。它很像是荨麻蛱蝶，只是比荨麻蛱蝶小

一些，颜色没有荨麻蛱蝶鲜艳，它是淡棕色的。它翅膀上的锯齿似乎缺得很深，好像被扯破过似的。

你捉一只来仔细瞅一瞅，你立刻就能发现，它翅翼下方有一个白色的字母“C”。清楚得简直就以为是有人故意打上去的白色字母，是一个做上去的记号。

这类蝴蝶的学名就叫 C 字白蝶。

白颜色的蝴蝶眼看越来越多，小粉蝶和大白蝶，也快出来了。

街头也闹腾起来了

蝙蝠开始夜夜空袭城郊了。行人在街上走，它们连瞅都不瞅一眼，只管自己在空中追捕蚊子和苍蝇。

燕子回来了。我们这个省共有三种燕子：一种是家燕，它有长长的叉子一般的尾巴，颈上喉部有一个火红色的斑点；一种是金腰燕，它们的尾巴短短的，喉头白白的；一种是灰沙燕，个儿小些，通身灰褐色，而下面的胸腹却是白的。

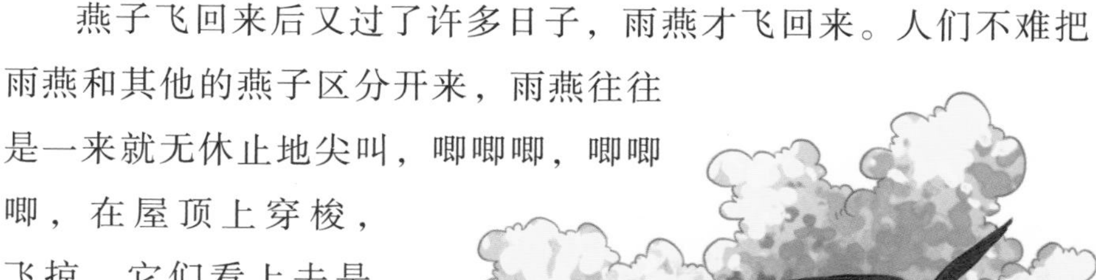

家燕在城郊的木屋上做窝；金腰燕的窝做在石头房子上；而灰沙燕则把窝做在断崖之上，在那里孵小燕子。

燕子飞回来后又过了许多日子，雨燕才飞回来。人们不难把雨燕和其他的燕子区分开来，雨燕往往是一来就无休止地尖叫，唧唧唧，唧唧唧，在屋顶上穿梭，飞掠。它们看上去是黑乎乎的，翅膀不像普通燕子那样是尖角形的，而是半圆形的，像一把镰刀。

摘自少年自然科学家的日记：

催菇雪

5月22日。

晨光正明媚地从东方蓝天撒向大地的时候，万不曾想，雪似无数萤火虫一般，轻轻飘下来，徐徐无声地落到地面。

哎，冬天，你休想来吓唬我们！现在下雪，你下不久的，并且不多一会儿雪就都化了！这就跟夏天的太阳雨一样，我们能从雨幕后面看到太阳的笑容呢。那太阳雨只会催促蘑菇生长得更快。现在，雪一落到地上就得化掉。

我到窗外森林里去看看，寻思着，说不定那里会碰到一些让我愉快的事情。

要是我的运气足够好，也许我会发现，在那一落地就融化的雪水下面，能采到褐色的光溜溜的蘑菇呢，这早春的头一批蘑菇，羊肚菌也好，编笠菌也好，味道都是鲜美可口之极的。

本报通讯员 韦里卡

飞到市区来的鸥鸟

涅瓦河才解冻，河面上就出现了鸥鸟。它们一点也不怕轮船，也不怕城市的喧闹声。它们在众目睽睽之下从水里捉起一条条的小鱼，那从容自若的神态真叫人惊叹。

鸥鸟飞累了，便落到铁皮屋顶上，蹲在那里休息休息，然后再飞。

林野专稿

在一个平静的早晨，开始解冻的湖面上空飞来了一群优美的天鹅。正当它们盘旋着想要降落时，湖对岸黑暗的密林里传来了一声轰隆的枪响！

天鹅之死

4月中旬，冰封的湖面是一片暗褐的颜色。有的冰块裂开了，湖泊中央于是可见一个个的窟窿。解冻的湖水蓝宝石似的，在阳光下闪闪发光。无论什么时候，早上也好，白天也好，傍晚也好，一眼望去，总能见到成群的候鸟在解冻的水面上栖息、起飞，晚间，湖面上不断传来候鸟们喉音很重的叫唤声。

站在河岸上，我不难看清楚，这些候鸟是一些潜水鸟，有野鸭，有急于飞向遥远北方的奥列依长尾鸭。长尾鸭的羽毛黑白相间，长着箭一般的尖尾巴。其实，不用看它们的模样，晚上只需听听它们的叫唤声，也能分辨出来，它们不像别的野鸭那样，吱吱嘎嘎地叫个不停。它们仿佛要把一个叫奥列依的人从遥远的地方唤回来，嗓音总是那么洪亮、坚毅，一遍又一遍地叫着：“啊，奥列依，奥列依，奥列依！”

野鸭们是不会到冰窟窿旁边来这么叫的。它们在那里无事可做，湖水很深，它们从湖底取食时，只需把前半身插进水里去，用不着把整个身子都钻进水底。潜水鸭在水底也能为自己找到吃的东西。

这几天，在湖水上空，天鹅时常擦着云端飞过。它们的叫声欢快有力，能把春天其他的声音都盖住了。天鹅美妙的身姿，一看就会让人打心底里激起情感的波涛。

有的书上，把天鹅的叫声比作银质号筒吹奏出来的乐曲。是的，天鹅的叫声确乎很像神秘的、神话里才有的大音喇叭的声音。

三天前的一个早晨，这银喇叭的声音突然闯入湖边人们的睡梦，把他们唤醒了。这声音似乎就在人们的小木屋的房顶上轰鸣。

有人穿上衣服，跳下床，抓起望远镜向湖边跑去。

有 12 只仪表堂堂、优美可人的天鹅，它们庄重地扇动着宽大的翅膀，排成人字形，在湖岸上空飞翔。它们洁白的翅膀，在黑黝黝的树林背后升起的阳光里，闪射出银白色的光芒。

“看呐，银喇叭的比喻就是这么得来的！”

这群天鹅在盘旋下降，它们准是想落到湖面上来歇脚吧。

眨眼间，湖对岸黑压压的密林上空有一个罪恶的光点倏忽闪过，接着冒出一团白烟。

随后，轰隆的枪声传进了我的耳朵，同时看到湖对岸一个矮小的猎人的身影。

毫无疑问，是他向天鹅开的枪，这家伙打得很准，天鹅的队形散乱了，它们相互碰撞，歪歪斜斜地向高处飞去，有一只天鹅掉队了，它斜倾着身子，扇动一只翅膀，兜着圈子，向湖心跌落下去。

“你必须为这一枪付出巨大代价！”我想到这个偷猎者时，心里异常激愤。

但偷猎者已经转过身，一闪就在树林里消失了。

我们的法律禁猎天鹅。

打死这种美丽的鸟儿，法院是要重重罚他的款的。地球上辽阔的灌木林湖滩越来越少了，能让这些神话般的鸟儿躲开人的目光，蹲在用芦苇和绒毛构筑成的大窝里孵育它们的后代，该是多么好啊，要知道，天鹅是越来越少了呀。

被击中的天鹅跌落在冰窟窿里。它用伤势严重的翅膀拍打着水面，高高地昂起挺直的脖颈。

这是一只大天鹅，也叫黄嘴天鹅，是天鹅中最大的一种。它那轩昂略

带野性的姿态，让人们很容易就把它和非常美丽的无声天鹅——世界各城市公园里的仿真装饰品区别开来。无声天鹅停在水面上时，双翅的背像小丘似的隆起，它的头颈始终保持弯曲的样子。大天鹅和它们不一样，它把一对翅膀紧贴在身上，高傲地抬起头来，脖子能抬多高就抬多高。

我找到了大天鹅的同伴，它们在湖泊尽头上空飞行。它们又排成人字形，悠缓而有节奏地扇动着沉重的翅膀，镇定地从高空飞离险境。

就在这时，停留在冰窟窿里那只被打伤的天鹅叫了起来。

“克林格——克溜——呜。”孤凄无依的天鹅，用高亢而略带嘶哑的声音哀鸣着。在它啼鸣的声调里流露出痛楚——那是它绝望的哀鸣。哦，那忧伤，那绝望，听一声，心就碎了！

“克林格——克林格——克兰格——克溜——呜！”从远方传来伙伴们的回答。

“克林格——克溜——呜！”受伤的天鹅绝命地叫唤着。

飞翔的天鹅们掉转头来。它们兜了一个大圈，排成直线，降低高度，收住翅膀飞落下来。

受伤的天鹅不叫了。

那人在望远镜里能清楚地看到，天鹅一只接一只飞到水面上，它们溅起两道水花，借着身子的冲力在水面上往前浮动。不久，天上、水面的天鹅都会合到一起。于是，就再也分辨不出哪只是负伤的天鹅了。

要知道，天鹅像其他的浅水鸭一样，在深水区是寻不到食物的。它们像鸭子一样把长长的脖子伸进水里，在浅水滩上寻找食物。

过了两小时光景，天鹅终于又从湖面飞起，它们张开翅膀，又排成人字形队伍，继续往它们便于做窝的北方飞去。

受伤的天鹅又发出凄厉的鸣叫。它叫得那么悲凉！它一定是知道自己的命运了。它知道自己注定要饿死了。

据说，天鹅临死前要唱歌的。但那是歌吗？那银亮的号筒吹奏出来的哀伤，谁听了，心都会发颤的。

我想要救这只受伤的天鹅。我请渔人帮忙。但渔人们听了直摇头，谁也不能把船拖到冰窟窿里，就是站到已经裂开的冰块上，也是非常危险的事。

受伤的天鹅在冰窟窿中间，来回游动着，它也没有力气向覆盖着冰块的湖岸游来。我再也不忍看下去。当我转过身迈步离开，一路上，那有力的、忧伤的、像喇叭一样洪亮的叫声，久久萦回在我的心间。

两天过去。天鹅没有再叫了。它的踪影在冰窟窿上消失了。

在冰窟窿的边沿有一大块鲜红的血斑。

从树林到冰块上印着淡淡的狐狸的脚印。

也许是大天鹅在夜间爬上了冰块，它想去岸边浅滩处栖息，结果却落入了狐狸的利爪——准是这样的吧。

天鹅消失了，从冰窟窿那边又传来长尾鸭响亮的叫唤声。

“哦，奥列依，奥列依，奥列依！”

一群群鸟儿飞离湖面，向北，向它们便于做窝安家的北方去了。

杀害美丽的天鹅是不能不付出代价的：那个偷猎天鹅的家伙，被武装护林队逮住，送进法院去了。

一二678，哪个你能答

1. 最先出现的蘑菇是什么蘑菇？
2. 为什么白嘴鸦在农人犁地时跟着农人走？
3. 喜鹊窝同乌鸦窝比，有什么不一样的地方？
4. 什么燕子先飞回家乡来——雨燕？还是家燕？
5. 为什么椋鸟和寒鸦一落在牛羊背上和马背上，就老不离开？
6. 家鸭和家鹅什么情况下会显出郁闷和不安的样子？
7. 青蛙的舌头，生牢在嘴里的哪一部位？
8. 鸟类的翅膀大体有两种，一种是长条形的，一种是扇子形的。这两种翅膀分别适应哪两种不同的飞翔环境？

森 林 报

春（第三号）

歌唱舞蹈月（5月21日到6月20日）

太阳进入双子宫

万绿丛中鸟兽歌舞乐在其中

到5月了——这是尽情歌唱和尽情玩乐的月份！到这个月份，春天全副心思都用来做它的第三件事：给森林披上绿装。

森林里欢乐、喧闹的月份开始了——5月可是森林的歌舞月啊！

太阳的光和热完全战胜了冬日的寒和暗。在我们这离北极不远的地方，晚霞和朝霞握上了手——白夜就这样开始了。生命一旦收复了土地和水，就又昂扬地挺起了腰身，显示出自己固有的活力。新生树叶亮晶晶的，它们缀成了翠绿盛装，披上了高大的树木，于是森林顿然焕发出蓬勃的生机。凡有翅膀的昆虫，都飞起来了。苍茫暮色降临大地的时候，好在黑暗中活动的夜鹰和蝙蝠，纷纷飞出来捉昆虫吃。中午这段时间是属于家燕和雨燕的。鹫和鹰在旷野和森林上空不停地来回盘旋。田野上空的茶隼（sǔn）和云雀飞得那么稳定自若，像是被一根无形的线吊挂在云彩之上。

没有铰链的咿呀声，门却打开了，里面的金翅居民，那些一刻不闲的蜜蜂，飞出来了。大家都在唱，都在玩，都在做游戏，都在舞蹈：琴鸡在地上跳，野鸭在水里舞，啄木鸟在树上转，鹬（yù），这是天上的绵羊，它们在森林上空翩跹。这5月，正如诗人所说的："在我们俄罗斯，所有的鸟、所有的野兽都在狂欢，肺草从枯败的树叶下钻出来，在树林里幽幽地发蓝。"

森林要闻

5月还没到时，森林乐队就开始它们的演奏了，于是森林里出现了各种各样的声响，热闹极了。顶冰花和紫堇开花了，田野里传来了有趣的声音……

森林乐队

没到5月，夜莺就唱起它的歌来，白天尖声尖气地那个啼，夜里悠悠扬扬地那个啭。

孩子们就觉得这鸟也太让人不可思议了，它们白天连着夜晚地唱，那么什么时候是它们睡觉的时间呢？孩子们不知道，鸟儿在春天是没有时间睡大觉的，它们想睡了，就休憩一小下，它们唱一阵，稍稍打个盹儿，醒来又唱，一般也就是中午睡上一小觉，半夜睡上一小觉。

艳艳朝霞布满东方天际，彤彤晚霞映红西方天空，这两段时间，整个森林里的鸟儿都在歌唱奏乐，能唱什么就唱什么，能玩什么就玩什么，反正是各唱各的，各奏各的。你走进森林，可以听到，有的在用高亢的歌喉独自放声清唱，这边提琴奏响，那边皮鼓频敲，再那边则笛声悠扬，汪汪声，呜呜声，孔孔声，唉唉声，吱吱声，嗡嗡声，咕呱声，嘟噜声，要多热闹有多热闹。

燕雀唱了，莺鸟唱了，它们的歌声清脆而嘹亮。鸫（dōng）鸟是特别爱唱、特别能唱的鸟，它的歌声也一样是脆亮亮的，传得很远。提琴是甲虫和蚱蜢拉响的，鼓声是啄木鸟敲响的，笛子般尖尖的声音，是黄鸟和格外袖珍的百媚鸟吹奏的。

狐狸和白山鹑有点像狗吠。牝鹿的叫声有点像人咳嗽。狼呜呜哇哇地嗥。猫头鹰不时地哼哼。丸花蜂和蜜蜂不停地嗡嗡嘤嘤。最能喧闹的是青蛙，咕咕呱呱，就不知道什么是疲倦。

嗓子不中听的动物也叫，它们不觉得有什么不好意思的。它们就各自选择乐器，难听好听，反正玩就是。

啄木鸟找的都是枯树。它的嘴壳子频频向枯树啄去，于是森林里就响起了皮鼓的咚咚声。那坚硬的嘴壳子就是它们最好的鼓槌。

而天牛的脖子不停地扭动，嘎吱嘎吱直响——这不活脱脱就是小提琴演奏家呀？

蚱蜢的细爪子背过来抓翅膀，它们的细爪子上有小钩子，而翅膀上有锯齿，一摩擦就发声了。

通身火红的麻鹬把自己的长喙伸进水里使劲一吹气，水就布鲁布鲁似的响，整个湖也就公牛似的哞哞起来。

这山鹬就更绝了，竟用尾巴参加森林大合唱。它倏地一下就腾空而起，在云端呈扇形展开，然后头朝下吱溜直冲下来，这时尾巴兜着风，就发出似羊羔叫的咩咩声，于是森林上空就传来羊羔的叫唤！

森林的乐队就是这样热闹和丰富。

客　人

在高树和矮树底下，离地不很高的地方，一种像鹅冠似的顶冰花，早已亮出了它们小星星似的黄花。

这些顶冰花出现在树木舒青吐芽展叶的时候，所以明亮的阳光能够穿过光秃秃的树枝直接照射到地面。在阳光照耀下，顶冰花开放了，在它们旁边，同它们一起开放的还有紫堇。

紫堇是森林里开放的第一拨花朵，看着它们，真让人打心底里高兴！它们是奇妙的淡紫色小朵儿花，一蓬蓬开在茎干的顶端，花的茎修长，叶子是青灰色的，边缘呈锯齿状，整个儿看起来美得喜人。

不久，顶冰花和它的朋友紫堇花的黄金时代就将过去，因为树荫即将浓起来，它们的生存环境就不好了。不过，它们无所谓的，它们依旧做好了回到地下世界去的准备，地下才是它们的家。它们到地上来露个面，做一次客，然后就回家了。它们的种子一播进地里，就见不到它们的踪影了。它们是球茎、块茎植物，埋下的小球茎、小块茎将在地下的深处长眠一个夏天、一个秋天和一个冬天，到来年春天又到大地上来做一次客，露一次面。若是你想把它们移植到自己家里来，那就得趁它们的花朵还没有完全凋谢时，把它们连根挖起来。挖的时候得留神根须，别看这植物小，可底下埋着白色块茎，长得令人难以置信！

我们这些小客人的球茎和块茎在土冻得很厚的地方，把自己的家安在地层的深处，而在暖和的地方和有东西覆盖的地方，它们的家就安在离地面较近的地方。你往家移栽的时候，千万要记住这一点。

尼·帕甫洛娃（生物学博士）

田野里的声音

我和我的一个伙伴到田里去除草。我们走着，步子迈得很轻很轻。我们听见一个声音从草丛间传来："去除草！去除草！去除草！"

我们对它说："我们这正是去除草啊。"可它还依旧叫它的："去除草！去除草！"

我们走过一个池塘。池塘里，两只青蛙往水面探出头来，鼓动它耳后的鼓膜，只管咕呱咕呱地叫。一只叫的是："傻瓜！傻瓜！"而另一只的回答是："傻瓜是你自个！傻瓜是你自个！"

我们从田埂经过时，几只圆翅膀的田凫（fú）来迎接我们。它们在我们头顶扑扇翅膀，一声连一声地问："你是谁？你是谁？"

我们回答它们："我们是从克拉斯诺亚尔斯克村来的。"

森林通讯员 库罗奇肯（克拉斯诺亚尔斯克村）

最后飞落的一批鸟

春天眼看就要过去了。最后一批到南方越冬的鸟飞回我们城市来了。

凭我们的经验，我们等来的将是色彩最艳丽、羽毛最鲜亮的鸟。

现在，草地上开满了鲜花，大树小树都覆满了新叶。鸟儿们来到这里，很容易就能找到躲避猛禽袭击的地方了。

有人在小河上看见过翠鸟，这身上穿着翠绿、棕褐、淡蓝三色相间的大礼服的鸟，是从埃及飞来的。

从林里飞来了黑翅膀的金莺。这种金黄色的鸟叫起来，声音就像是在吹奏横笛，又像是瘦瘪的猫在叫。它们是从南部非洲飞来的。

在城市的矮树林里，飞来了蓝胸脯的川驹（jū）鸟和五色斑斓的野鹟（wēng）。

在湿地上出现了通体金黄的鹡鸰。

粉红胸脯的伯劳鸟，戴着蓬松柔毛领子的五彩流苏鹬，还有绿蓝两色间杂的佛法僧鸟，也都陆续飞来了。

松鼠也吃肉食

松鼠一整个冬天都在剥松果吃，再就是吃秋天储存在洞里的干蘑菇。现在到了它吃些肉类的时候了。

好多鸟在这 5 月都不但做了窝，还产了蛋。有的鸟甚至已经孵出了小鸟了。

这正对了爱吃荤食的松鼠的胃口。它在树枝上和树洞里窜来窜去找鸟窝，把窝里的小鸟和鸟蛋，偷来充饥果腹。

在破坏鸟窝这种事情上，平常人们觉着非常乖巧的松鼠，却也不比其他猛禽差哪儿去呢！

找浆果去

草莓熟了。

如果碰得巧，我们在向阳的地方能看见完全熟透了的草莓果，红彤彤地挂在枝上。啊呀，这草莓果那个甜哪，那个香哪！你吃过它，就再也忘不了它了。

覆盆子也熟了。

沼泽地上的桑悬钩子也即将熟了。覆盆子的枝上浆果可多了，而草莓却是每棵最多也不过五个。桑悬钩子最小气了，它的茎端上只有一个浆果，而且并不是每一棵上都结——有的只开花，不结果。

尼·帕甫洛娃（生物学博士）

摘自少年自然科学家的日记：

毛脚燕的窝

5月28日。

在邻居家小房子的屋檐下，就在我的房间的正对面，有一对毛脚燕忙着做窝。这让我很开心。这下我可以亲眼看见燕子怎么样筑它们的小圆房子了。我可以看见它们做窝的全过程了，从开工到完工，我都能看个清楚了。它们什么时候孵蛋，怎么样喂小毛脚燕，我也都可以知道了。

我观察可爱的燕子，看它们都飞到什么地方去叼建筑材料。原来，它们飞去寻找材料的地方，就是村庄的小河边。它们飞到小河边，落在紧挨水边的河岸，用嘴挖起一小块河泥，随后马上衔着飞回它的建房处。它们在这里轮流换班，把泥一点一点粘在屋檐下的墙上，把一块泥粘上后，再又匆匆去衔第二块。

5月29日。

不好。这个新建筑工程不只是我一个看了高兴，光顾它们的还有隔壁家的一只叫费多赛齐的大公猫。它今天一大清早也爬上了房顶。这个灰毛流浪汉挺粗野的，它跟别的猫打架时，右眼都打没了，浑身的毛都撮成一片一片的，还挂下来。

它的双眼直勾勾盯着飞来的燕子，而且已经向檐下偷窥了不止一次，看窝都做成什么样了。

燕子倒是挺沉得住气的，它们没有惊叫。猫待在房顶不走，它们就停下工来，做窝的工作就暂时不进行了。莫非，它们是要离开这里，再也不回来了吗？

6月3日。

燕子做好了窝的基础部分，形状像一把贴在房顶的镰刀。大公猫常爬上房顶吓唬它们，妨碍它们的筑窝进程。今天午后，燕子根本没有飞来。看来，它们是决意要放弃这个工程了。它们会在别处找到一个比这儿安全的地方。要是那样。我可就看不到它们筑窝了呀！

够闹心的！真够闹心的！

6月19日。

这些日子，天气一直很热。房檐下那个用河边的黑泥粘成的窝基干了，颜色变灰了。

燕子一次也没有来。

天空乌云密布，下起白花花的大雨。这雨真叫大，哗哗哗的，可厉害！窗外像是垂下一片用玻璃条条编成的帘子。

雨水在街上淌成一条条小河，急急地奔流。小河泛滥了，在哪一段街上都不能涉水走过了。水像疯了似的哗啦哗啦淌着，小河带来了许多稀泥，你一踩，能没到你膝盖。

这雨一直下，一直下，到黄昏时才停。

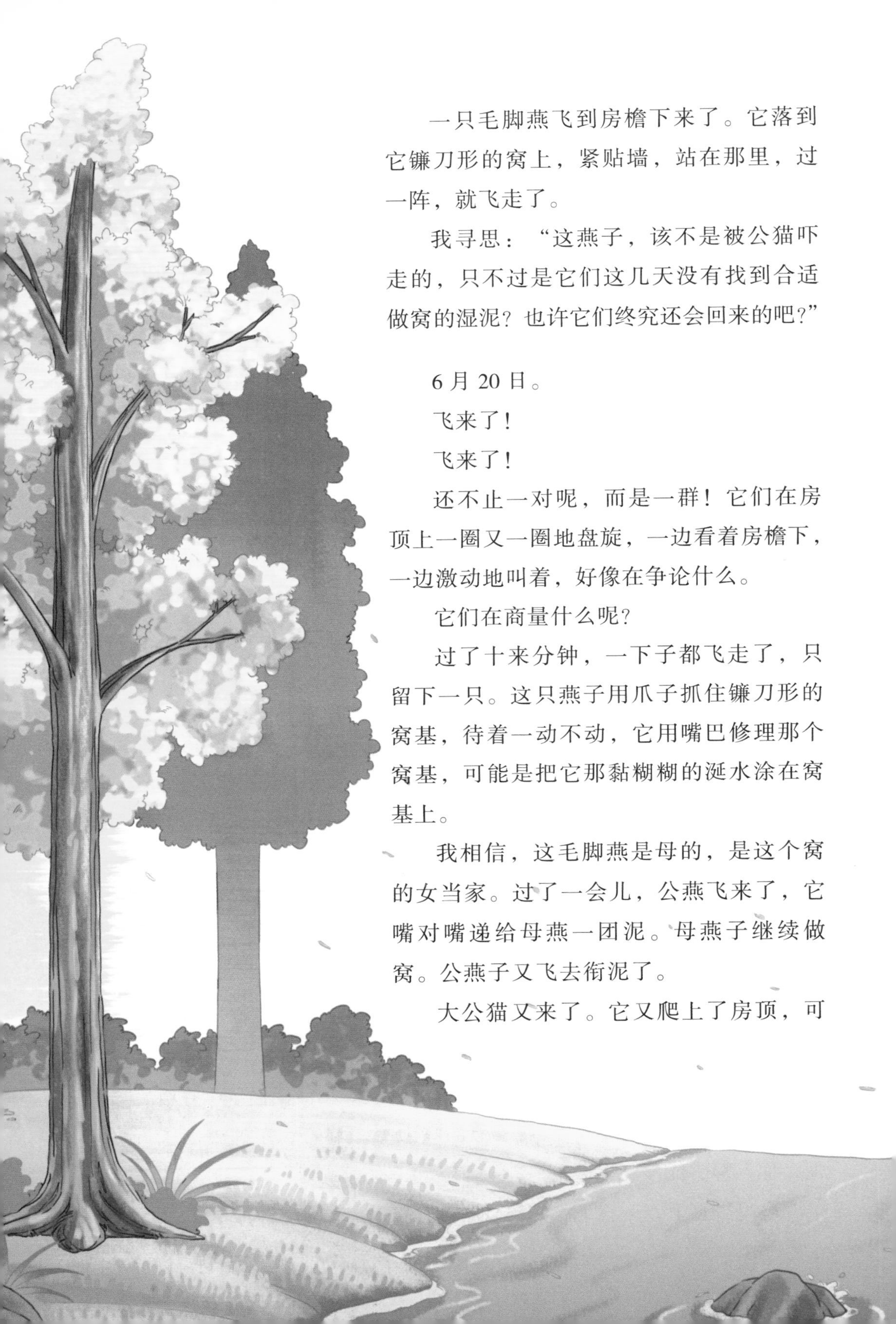

一只毛脚燕飞到房檐下来了。它落到它镰刀形的窝上，紧贴墙，站在那里，过一阵，就飞走了。

我寻思："这燕子，该不是被公猫吓走的，只不过是它们这几天没有找到合适做窝的湿泥？也许它们终究还会回来的吧？"

6 月 20 日。

飞来了！

飞来了！

还不止一对呢，而是一群！它们在房顶上一圈又一圈地盘旋，一边看着房檐下，一边激动地叫着，好像在争论什么。

它们在商量什么呢？

过了十来分钟，一下子都飞走了，只留下一只。这只燕子用爪子抓住镰刀形的窝基，待着一动不动，它用嘴巴修理那个窝基，可能是把它那黏糊糊的涎水涂在窝基上。

我相信，这毛脚燕是母的，是这个窝的女当家。过了一会儿，公燕飞来了，它嘴对嘴递给母燕一团泥。母燕子继续做窝。公燕子又飞去衔泥了。

大公猫又来了。它又爬上了房顶，可

是燕子不怕它了，也不吭声，只顾自己干活，一直干到天黑。

这就意味着，我终将可以看见一个燕子窝了！但愿大公猫的爪子不要够到燕子的窝！不过，燕子自己也该知道把窝做在什么地方吧！

本报通讯员 韦里卡

林国里的搏战

（续前）

你们该还记得，住在森林采伐迹地上的特约通讯员在信里都告诉我们些什么吧？他们一直待在那里，直待到空地上变得一片青葱，待到从土里生出小枞树来。

下过几场暖雨之后，采伐迹地就在一个晴朗的早晨变绿了。不过，从土里钻出来的都是什么苗苗啊？

压根儿就不是小枞树！

不知从哪里来的一批横蛮的草族，竟抢在枞树前头冒出来了。那是些莎草和拂子茅。它们不但长得快，而且长得密，小枞树再拼命从土里往外钻，那速度也赶不及这两种草。林间空地已经被野草大军占领了。

小枞树来晚了一步。

第一场搏战开始了！

小枞树用它们尖矛一般的树梢，把遮蔽在头上的密密层层的野草拨开。然而草族却寸地不让，它们使劲压住小枞树。

地上在你死我活地激战，地下也在你死我活地激战。

野草和树苗的根纠缠成一团，野草像凶恶的鼹鼠那样在地下乱钻。它们互相缠绕，彼此纠结，你勒我，我揪你，就为了抢夺那营养丰富的地下水——这水里充满盐类养料，这种物质正是植物所需要的。无数小枞

树总也得不到接受阳光照射的机会！草根柔韧、结实，简直可与铁丝相比，于是地下的搏战就以这样的结果告终：小枞树的根被野草的根勒死了。

即使少数小枞树好不容易得以钻出地面，却也被草茎紧紧抱住了。野草缠住小枞树结实的树干。草茎富有弹力，一旦编织在一起，小枞树就想要用尖尖的树梢把它们掰开，但是野草按住了小枞树，不许它们钻到上面去见太阳。

只偶尔有个别的小枞树好容易钻到野草大军的上面来了。林间空地上的搏战进行得正激烈的时候，河对岸的白桦树刚刚开花。但是白杨已经准备好去远征了：它们要到河对岸去登陆，占领那片空地。

白杨的葇荑花序张开了。从花序里飞出了几百个带绒毛的小种子，几百个毛茸茸的白衣独脚小伞兵，每个小伞兵的头上都撑着一顶小降落伞。

风满怀兴致地抓住它们的团团绒毛，它们就随风在空中转呀飘的，像小白云似的被风轻轻吹过了河。一到河那边，风一撒手，它们就被均匀散布在了林间空地上，一直撒到枞树国的边境。

独角小伞兵们宛如飞舞的雪花，落在了小枞树和野草的头上。第一场雨就把它们冲进了泥土里。现在，它们暂时消失了，不见它们的任何踪影了。

日子一天接一天过去。采伐迹地上的战役还在进行。不过，现在输赢已经看得出来，野草到底不是小枞树的对手。野草还是在较量中败下阵来了。

这是因为，野草拼命挺直腰板，往高处撑，但好景不长。过了不久，它们就停止生长了，这样，继续生长的小枞树就渐渐占了上风。

在树下的草族的日子，如今一天比一天不好过了。小枞树把它们蓊蓊郁郁的针叶树枝宽宽地蓬开，遮在野草的头上，抢夺去了野草须臾不能或缺的阳光。憋闷在树荫里的野草，就衰弱下来了，软塌塌地，蔫蔫地，倒伏在地面上。

但是，这时从泥土里已经冒出了另外一支队伍：遍地生出了小白杨。它们是成簇成片地钻到地面上来的。它们个个都是很惊慌的样子，大家彼此拥挤在一起，头在哆嗦，脚也在哆嗦。

它们来晚了，已经没有力量对付小枞树了。

枞树虽然数量不是很多，但是黑魆魆的针叶枝条撑得很开，撑到小白杨的头上。小白杨就瑟缩起身子。得不到阳光的它们，很快就蔫瘪了，枯萎了。

白杨是非常喜爱阳光的植物，离开太阳，它们就活不下去了。

眼看枞树要赢得这场战争了。

这时，又有一支新的敌国伞兵在林间空地上着陆了。它们是乘两只翅膀的小滑翔机飞来的，也同小白杨的绒毛伞兵一样，一到就钻进了泥土，躲起来，不见了踪影。它们是白桦树的种子。它们像闹着玩儿似的飞过了河，也散布在空地上。

这些白桦树的种子，它们能战胜第一批成功抢占了地盘的枞树吗？这个，我们的通讯员现在还不知道。下一期的《森林报》上，我们将会有它们的新消息。

乡村消息

天气渐渐热起来，牧人将绵羊们送进绵羊理发室，给它们脱去了厚厚的大衣，果园迎来了欣欣向荣的日子。我们还给六脚小朋友们帮忙，一起给庄稼授粉。

绵羊脱大衣了

天气渐渐热了，绵羊得脱掉大衣了。牧羊人把绵羊赶进绵羊理发室。他们都是很有经验的剪羊毛好手，他们用电剪给绵羊剪毛。他们嚓嚓嚓嚓推下羊毛，好像给绵羊脱掉身上的冬大衣。

“谁是我的妈妈呀？”

牧羊人过来，把剪完毛的绵羊妈妈放到小绵羊一起去，这时小绵羊都不认得它们的妈妈了。

小绵羊急得咩咩叫，凄凄婉婉地说：

“你在哪里呀？妈妈，你在哪里呀？”

牧羊人帮助每一只小绵羊找到妈妈后，又回到绵羊理发室，给下一批绵羊剪毛。

欣欣向荣的日子到来了

果园里的欣欣向荣的日子来临了。草莓的花已经开过，矮矮的、团团的樱桃树正开着雪白雪白的花。昨天，梨树枝头上的花蕾也绽开了。再过两天，苹果树也要开花了。

给六脚小朋友帮忙

跟农业有关的昆虫很多。我们说到昆虫，常常想起的是庄稼的敌人。我们竟忘记了，有多少六脚小朋友在田里为我们干活；我们竟忘记了，在为庄稼授粉的事业上，它们起了多大的作用啊。许多种有翅膀和六条腿的昆虫，譬如蜜蜂、丸花蜂、姬蜂、甲虫、蝴蝶、蝇类，在为黑麦、荞麦、苎麻、苜蓿、向日葵等等授粉，把花粉从一朵花送到另一朵花上去。

常有这样的情况，这种六脚小朋友的劳动力不够，它们不能让我们的庄稼全部得到足够的花粉。这时，我们只得用我们的手来帮它们一把。

我们用一条长长的绳子来为黑麦、荞麦、苎麻、苜蓿等等授粉。两个人拉一条绳子，一人拉一头，从开花的庄稼头上拖过去，把梢头碰得弯下来。这样，花粉就从花上撒落下来，随风散播到整畈田地，或粘在绳子上，被带到别的花上去。给向日葵授粉，就得用这样的方法：把花粉收集在一小块兔皮上，再用这块兔子皮把花粉扑到所有正在开花的向日葵花盘上。

城市新闻

城市里又有新鲜事了。有人在医院附近看见了一只麋鹿；有人说自己在公园散步时，竟然听见了鸟说人话；在涅瓦河畔散步的人们看见了一团巨大的“活云”！

麋鹿来到我们这里

5 月 31 日，这天一大早，有人在梅奇尼科夫医院附近，看见了一只麋鹿。最近几年，麋鹿已不止一次出现在市区里。大家都说，这麋鹿是从城郊一座森林里来的。

鸟说人话

有人到《森林报》编辑部来说：

“早晨，我在公园里散步。忽然，有谁用尖尖的声音从矮树林里问我：‘可见特里希卡？’那声音很响，而且一直这样问，反复问。我转着圈看了看四周，没有人，只有一只上下通红的小鸟，站在矮树林上面。我定定看了它一阵，心里琢磨：‘这是什么鸟啊？叫得这样清楚，它问的那个‘特里希卡’是谁啊？接着，它又问开了：‘可见特里希卡？’我走近它一步，想到跟前去看个清楚。它却吱溜逃进矮树林里去，不见了。”

这人看见的鸟，名叫红背朱雀。它是从印度飞来的。它的尖哨声听起来像是在问什么。不过，听的人每人都按照自己的想法去翻译成人话。有的人以为它在问：“可见特里希卡？”而有的人想，它是在问：

"可见格里西卡?"

活　云

很多人都爱在涅瓦河畔散步。

6月11日这天，万里无云，天很热。房子和街道上的柏油路被太阳晒得火烫，人被灼热的阳光照得连气都喘不顺畅了。

孩子们在街上疯闹。

忽然，在宽宽的涅瓦河对岸，浮起了一大片灰色的云团。

所有的人停住了行走的脚步，抬头望着它。

这云团飘得很低，差不多挨着了水面。

大家看着它越飘越大。

云团竟飘过来，窸窸窣窣地响着，把散步的人都围起来。这时候，大家才看明白——原来，它不是云，是密密匝匝的一大群蜻蜓。

转眼间，周围一切都莫名其妙地变了样，神奇得简直难以想象。

这么多小翅膀同时扇动，空气竟搅出阵阵微风来，从人们身边习习地掠过。

孩子们停止了疯闹。他们兴高采烈地望着眼前的奇景。太阳光透过这些云母般的蜻蜓翅膀，空中五色斑斓，宛如头顶落下了彩虹。

散步的人的脸一下都变成彩色的了。个个脸上都跳动着小小的彩虹，晃动着日影和亮晶晶的星星。

这团云彩嗖嗖地轰响着，在河岸的上空飞过，略略往上升了升，而后飞到楼群后面去，不见了。

这是一批刚刚来到世上的小蜻蜓，它们一下子纠集在一起，去找新的生活地。至于它们是在哪儿孵化出来的，要飞到什么地方去落脚，没有人去探究过。

这种成群成片的蜻蜓各处都容易见到。如果你见到这样的蜻蜓云团，倒是可以多个心眼，留个神，注意一下它们都从哪里来，又飞往哪里去。

试　飞

春末时节，走在公园里，走在大街或林荫道上，你得当心，不妨多往上头看看，或许会有小乌鸦、小椋鸟什么的往你头上掉，或者是小寒鸦、小麻雀从屋顶上掉下来，落到你头上。现在它们刚开始出窝，还在学飞呢。

尤拉（少年自然科学家）

林野专稿

一只熊经常到寨子里闹事，不是咬死小牛，就是咬死小马，让农人们伤透了脑筋。于是，寨子里最能干的猎手塞索依奇决定想办法收拾这只讨厌的熊……

把熊哄过来

在我们城市附近，狩猎的时节早已过去了。但在北方森林中，猎事正方兴未艾[①]。热心于狩猎的人们，都不愿意错过这个机会，纷纷赶往北方去一显他们的身手。

熊在我们这一带胡作非为。一会儿听说把农家的一头小牛给咬死了，一会儿又听说把农家的一匹小马给咬死了。塞索依奇说的在理。他说："咱们不能眼睁睁看着熊到咱们寨子来闹事，任它欺负到咱们头上来。应该想想法子了。格弗里奇的小牛不是死了吗？把它交给我，我拿它做诱饵，把熊引过来。如果熊到咱们的牲口群来转悠，那么它一定会被小牛引诱。到时候，我非收拾了它不可！"

塞索依奇是我们这里最能干的猎手。

农人把格弗里奇的死小牛交给了他。让他去把熊收拾了吧，今后也好省些心。

塞索依奇把死小牛装上大车，运到村外森林里去，放在一块空地上。他把小牛翻了个身，让它头朝东躺着。

微词典　①方兴未艾：事物正在兴起、发展，一时不会终止。

塞索依奇对猎事，一举一动都十分在行。

他知道，头朝南或头朝西的尸体，熊是不会去动的：它会起疑心，怕有谁陷害它。

塞索依奇扯来些没剥皮的桦树枝，在死小牛四周做了一道矮矮的围栏。离这道围栏二十来米处，在两棵并排的树上搭了个棚子，离地两米来高。这是个用树干搭的观察台。猎人夜间就待在这台上，守候那大野兽。

这就是全部的准备工作。不过，塞索依奇并没有爬到那观察台上去，而是回家去过夜。

一个星期过去了，他还是在家里睡觉。早晨，他抽空到木栅栏那里去转悠着看了一番，卷了根烟卷，接着还是回家了。

我们的农人开始嘲笑他。小伙子们挤眉弄眼地对他说：

“哎，塞索依奇，怎么样啊？你睡在自家热炕上，梦做得美吧？你不乐意在树林里守望，是吧？”

不料，他回答说：

“贼不来，守望也是白搭呀！”

他们又对他说：

“小牛可已经发臭了！”

他说：

“那才是需要的呢！”

塞索依奇心里有数着哩。

塞索依奇知道事情该怎么做。他也知道，熊绕着牲口群打转儿，已经不是一天两天了。这是因为它知道眼前有个现成的死牲口，所以就不来扑活牲口了。

塞索依奇知道熊闻到了死牛的臭味。猎人的眼睛亮着呐，他在放小牛的地方看出了熊的爪印。熊还没有动过小牛，看来，它是肚子不饿，要等牲口尸体发出更强烈的臭味，它才来开饭，那样才更有滋味。这种乱毛刺刺的野兽，它们的口味就是这样的。

死小牛在树林里躺了一个多星期了。塞索依奇还是在家里过夜。

终于，他根据熊的脚印，断定熊已经爬过了围栏，从牛尸上啃去了一大块肉。

就在这天晚上，塞索依奇带上他的枪，上了棚子。

夜里的树林静悄悄。

野兽睡了。

鸟也睡了。

但并不是所有的鸟兽都睡了。猫头鹰没有睡，它扑扇着毛茸茸的翅膀，悄无声息地飞过树梢，它在搜寻草丛里窸窣走动的野鼠。刺猬在树林里转悠着寻找青蛙。兔子在咔嚓咔嚓地啃白杨的树皮。一只獾在土里寻找它所熟悉的那些细小植物的根。这时，熊轻轻地向死小牛走来了。

塞索依奇困乏得睁不开眼。往常，他在深更半夜里总是睡得很香的。此刻，他也依旧睡得迷糊。

忽然，咔嚓，什么东西一声响。他不由得打了个寒战。

有什么声音响了一阵！

天上虽然没有明月，但北方的初夏夜，没有月亮也很亮堂。塞索依奇清楚地看见，在白花花的白桦树围栏上，爬着一只黑毛野兽。熊在大口大口地咀嚼，在享用人家款待它的佳肴。

“哎，慢着，”塞索依奇心想，“我这里还有更好的东西款待你呢！——我要请你尝尝铅子儿！”

他端枪，瞄准熊的左肩胛骨。

轰一声枪响，霹雳似的，震撼了沉睡的森林。

兔子吓得从地里窜起半米高。獾吓得呼噜呼噜直叫，慌慌忙忙向自己的洞里逃去。刺猬缩成一团，身上的刺根根竖了起来。野鼠吱溜一下钻进了洞。猫头鹰轻轻扑进了黑影里。

过了一会儿，森林里就又恢复了平静。于是夜里出动觅食的野兽又放开了胆，各自干起各自的事来。

塞索依奇爬下棚来，卷了一支马哈烟，惬意地抽了起来。他不慌不忙

地走回家去。

天快亮了。他得去补一个觉，就算是睡一会儿也好呀。

等农人们都起了床，塞索依奇对小伙子们说：

“哎，年轻的汉子们！套上大车，进林子里去，把熊肉拉回来！熊可再也吃不了咱们的牲口了！”

一二678，哪个你能答

1. 钩嘴鹬用什么东西发出的声音，跟羊叫差不多？
2. 蜘蛛有几只脚？
3. 甲虫有多少翅膀？
4. 什么动物的耳朵是长在腿上的？
5. 青蛙的卵同癞蛤蟆的卵有什么不同？
6. 什么鸟叫起来声音像狗吠？
7. 什么鸟叫起来像铁匠打铁？
8. 什么动物，生下来就长一大把胡须？

夏（第一号）

筑巢月（6月21日到7月20日）

太阳进入巨蟹宫

采摘药用植物的季节

6月。

玫瑰花开放了。候鸟都已经回到自己的故乡。夏天来到大地上。白天拉得最长；在遥远的北极甚至没有了夜晚：太阳就不落了。在湿润的草地上，太阳的色彩现在是最富丽的时候——金凤花开了，泽地金花开了，毛茛花开了，开得草地满眼金黄。

这期间，人们和太阳同时醒来，趁阳光灿烂的黎明时分，外出采集药用植物的花、茎和根，晒干了收藏在家里，一旦突然发生什么病痛的时候，就可以把储存在它们里面的太阳的生命力，移进自己的体内，让精神重新焕发起来。

一年中白昼最长的一天，6月21日，过去了，过了这一天，太阳在天上的时间就要一点点变短了。

当然，白天缩短是很慢很慢的，就跟春天阳光的逐渐增加一样的慢。不过人们还是觉得白天很长。老百姓说得好：“夏天亮晃晃的眼睛，透过篱笆缝缝老瞅着咱们呢……”

所有那些春天给我们唱歌的鸟，都有了自己的窝，所有的窝里，都有了蛋。它们的蛋，什么颜色都有。娇嫩的雏鸟，从薄薄的蛋壳里亮出它们柔弱的生命之光。

禽鸟各有各的家

森林里，所有的飞禽走兽、虫和鱼都在建造各自的住宅，它们的住宅都出奇地好。那么，这些住宅里面，哪个是最好的呢？这些不同的住宅又是用什么材料建造的呢？

禽鸟抱窝的季节到了。林中居民全都在为自己的家庭营造房子。

我们《森林报》通讯员决定去各地寻访，了解一下飞禽走兽、鱼、虫，它们都各住在哪里，它们的日子过得怎么样。

它们的住宅出人意料的好

一望而知，如今葱茏的万绿丛中上上下下都住满了森林居民，一点空闲处也找不到了。地面上，地底下，水面上，水底下，树枝上，树干中，草丛里，半空中，都活跃着生命。

房子盖在半空中的，有黄鹂的住宅。黄鹂用苎麻、草茎和毛发编成一只轻巧的小篮子，挂在直溜溜的白桦树上，当自己的居所。小篮子里安放着黄鹂的蛋。那住宅看了简直让人不敢相信，风摇动树枝，可它们的蛋就是不会滚出来，就是安然无恙。

建在草丛里的住宅，有百灵鸟的，有林鹨（liù）的，有鹀（wú）鸟的，还有许多别的鸟的。最叫我们的通讯员喜欢的，是篱莺的窝棚。它用干草和枯苔藓搭成，上面有顶棚可以遮风挡雨，一道进出的门，开向侧边。

把居室安在树上，做在树洞里的，有脚趾薄膜相连的鼯鼠，还有木蠹（dù）贼、小蠹虫、啄木鸟、山雀、椋鸟、猫头鹰和好些别的鸟。

把住宅建在地下的，有鼹鼠、田鼠、獾、灰沙燕、翠鸟和各种食虫果腹的禽鸟。

䴙䴘（pìtī）是一种潜水鸟。它的窝浮在水面，是衔湿地草、芦苇和水藻成功堆砌的。䴙䴘就住在草湖的浮窝里，在水面漂过来漂过去，住家就等于坐木筏。

河榧（fěi）子和银色水蜘蛛的迷你小窝窝，造在水底下。

谁造的住宅最好？

我们的通讯员想找到一处最好的住宅，以为这很容易。其实，真要确定哪一所住宅最好，远不像常人想象的那么简单。

雕的窝最大，是用粗树枝搭成的，巍然架在粗大的松树上。

黄脑袋的戴菊鸟窝最小，就娃娃拳头那么一小个。原来，它自己的身子比蜻蜓还小哩。

田鼠的穴宅建得最巧妙。有好几道门，前门，后门，太平门。你要从前门去捉它，它从后门溜掉了，从后门去逮它呢，它又从前门逃脱了。反正你休想在它的洞里捉住它。

卷叶象鼻虫的住宅最精致。它把白桦树的叶脉

咬去，等叶子开始枯黄时，把叶子卷成圆筒状，用唾液粘好。雌卷叶象鼻虫就躲在这圆筒形的小房子里，产卵生子。

系领带的钩鼻鹬和夜游欧夜莺，它们的住宅最简单。钩鼻鹬把它的四个蛋下在小河边的沙滩上，而欧夜莺在树底下的枯叶堆堆里挖个小凹坑，蹲下去就下蛋了。这两种鸟，都没有下功夫去建造它们的住宅。

反舌鸟的小房子最漂亮。它把小小的窝搭在白桦树的树枝上，叼些苔藓和薄桦树皮装饰起来。为了进一步点缀它的住宅，它还在别墅花园里捡来些人们丢弃的彩纸片，编在窝上。

长尾山雀的小窝最舒适。这种山雀，还有个名字叫汤勺子，因为它的身子很像一个舀汤用的长柄小勺子。它的窝造得最讲究，里层用绒毛、羽毛和兽毛编缀而成，外层用苔藓粘牢。整个窝圆圆的，像个小南瓜。窝的正上方，开了个小顶门。

河榧子的幼虫，它的小房子最轻便。河榧子是有翅膀的昆虫。它们停下来就收拢翅膀，盖在自己的背脊上，恰好把自己的整个身子遮盖起来。河榧子的幼虫没有翅膀，全身光溜溜的，没有东西蔽体。它们住在小河或小溪的底面上。它们找来一根细枝或一片苇叶，长短同自己的背脊差不多，用来做窝的沙泥小圆筒就粘在那上面，再倒爬进去。这实在是太方便了，要睡觉，就全身蜷在小圆筒里，谁也不会注意到它，它睡在里头挺安静，也很稳当；而如果要走动走动，挪挪地方，就伸出前脚，背上小房子，在河底爬上一阵子：瞧它的住宅有多轻便！有一只河榧子的幼虫，它找到一根落在河底的香烟嘴儿，把它当成自己的房子，钻进身去，就这样带着它到处旅行。

银色水蜘蛛的房子最奇特。它住在水底，在水草间铺开一面网，做起一个倒杯形的窝，再用它毛茸茸的肚皮从水面上带来些气泡，在网里灌满空气，同时排出水。水蜘蛛就住在水底用空气做成的房子里。

还有谁会做窝？

我们的通讯员找到了鱼做的窝。

棘鱼为自己营造了名副其实的窝。造窝的活儿由雄棘鱼来干。它捡那些分量重的水草草茎，咬断，衔到上面去，因为重，就不会漂浮。雄棘鱼用草茎编起墙和天花板，再用唾液把它们黏住，加固好，然后用苔藓把草茎间的小窟窿填塞，使之密不透水。它在窝的墙上开两扇门。

我们的通讯员还找到了野鼠的窝。野鼠个子小，它做的窝跟鸟窝一模一样，是用草叶和撕成细丝的草茎编成。它的窝做在圆柏的树枝上，离地约两米。

用什么材料造房子？

森林里的动物建房子，用什么材料的都有。

歌唱家鸫鸟的圆窝窝，内壁像我们用水泥抹墙那样，用细碎的烂木屑涂墙。

家燕和金腰燕的窝是用淤泥做的，它们用自己的唾沫把泥窝粘得结结实实的。

黑头莺用细枝搭窝，用又轻又黏的蛛网，把那些细枝固定得牢牢的。

䴓（shī）这种小个子鸟，不爱飞，爱在笔直的树干上，上上下下地跑。它住在洞口很大的树洞里。它怕松鼠闯进它家里，就用胶性泥土把洞口封起来，只留个够自己的小身子挤进去的小洞眼。

有一种翠鸟，羽毛的颜色绿蓝绿蓝的，腰身上罗列着咖啡色斑纹。它造的窝很好笑。它在河岸上挖了一个很深的洞，在自己的小洞屋里铺上一层细软细软的鱼刺。这样，它就为自己做起了一条又柔软又有弹性的床垫子。

森林要闻

森林中，个个池塘里遍布着有趣的浮萍，而盛开的矢车菊的雄蕊是会变戏法的魔术家，夜间出没的凶险强盗总是让林中居民们提心吊胆的……

有趣的植物

现在个个池塘水面上，都长满了浮萍。有些人把这叫薹（tái）草。其实薹草是薹草，浮萍是浮萍。浮萍这种植物很有趣的，跟其他植物不一样。它的根细细长长，浮在水面上圆圆的小绿片儿，像叶，但这不是它的叶。倒是有茎和枝，上面凸起那些形状似小烧饼的东西，就是它们的茎和枝。偶尔也能看见它们开花，但很难得见。浮萍用不着开花。它们繁殖不靠花，它们的繁殖方法既快又简便——只要从这小烧饼似的茎上脱落下一个小烧饼似的枝，这枝就能在水里长成另一株浮萍。

浮萍的日子过得挺自在的，它漂到哪里，哪里就是它的家。什么也拴不住它们。有野鸭来游水，浮萍就会挂在野鸭的脚蹼上，这样，它就会被野鸭带着，飞到另一个池塘里去。

矢车菊真真假假的花

矢车菊开花了。矢车菊的花是褐红色的，成片成片地开在草地上和田野间。

矢车菊的花分上下两层。这种构造同许多花不一样。它上面那些蓬蓬

松松、犄角般撑开的小花儿，很漂亮，但它是不结子的无实花，下面盘子一样摊开的，才是它真正的花，是许多深红色的细管子。这些管子当中，有一根是雌蕊，其余的都是雄蕊。

雄蕊是会变戏法的魔术家。

你只要稍微碰一碰那些细管子，它就会立刻歪倒一边，从细管子的小孔孔里冒出一股子花粉来。

过一会儿，你要是再碰它一下，它又会一歪，从小孔里又会倒出一股子花粉来。

这就是矢车菊所变的戏法！

这些倒出来的花粉，不会就这样浪费了。每当有昆虫要它的花粉，它就会慷慨地让它们随意拿去。拿去吃也行，不过得多多少少沾些在身上，哪怕是很少许带往其他的矢车菊上面去，那矢车菊就能结实，就能有新的种子了。

尼·帕甫洛娃（生物学博士）

凶险的强盗在夜间出袭

森林里，夜夜都有强盗出来行凶作恶。森林居民于是个个提心吊胆，惶惶不可终日。

每天夜里，总有几只小兔子平白无故就不见了。所以，小鹿呀，琴鸡呀，松鸡呀，榛鸡呀，兔子呀，松鼠呀，一入夜，就觉得不晓得黑夜的哪个瞬间，杀身之祸会降临到自己头上。所有的小动物，矮树林里的鸟儿，树梢的松鼠，或是地上的野鼠，都不知道凶恶的强盗会从哪里突然闯过来，给它们以致命的袭击。这神出鬼没的杀手，从来是冷不防出现，有时候从矮树林里出现，有时候从草丛里出现，有时候从树梢出现。似乎这凶残的杀手还不止一个，而很可能是好大的一帮。

几天前的一个夜晚，森林里小獐鹿一家在林中空地上吃草。雄獐鹿站在距离矮树林八步远的地方放哨，雌獐鹿带着两只小獐鹿在草地上吃草。突然，一个黑乎乎的东西从矮树林里蹿出来，只一纵身，就跳上了雄獐鹿的背。雄獐鹿一下倒了下去，雌獐鹿即刻带上小獐鹿，撒腿逃进了森林。

雌獐鹿再回到林间空地去看时，雄獐鹿只剩下两只犄角和四个蹄子了。

昨天夜里遭受袭击的是麋鹿。它在密不透风的树林里走呢，忽然看见在一棵树的树枝上，有个东西，像是长在上面的一个大木瘤，样子又丑又怪。

麋鹿在森林里算得是魁伟的大汉，它还用怕谁呢？它生有一对所向无敌的犄角，连熊想攻击它都没那个胆量。

麋鹿走到那棵树下，正要仰起头来对那个木瘤瞧个仔细，想弄清楚它究竟是个什么东西，却冷不丁有个可怕的东西，足有300公斤重，咚一下，沉沉地砸落到它的脖颈上。

麋鹿猛吃一惊，这沉重的家伙，在它丝毫没有防备的情况下，突然砸到它身上，它本能地甩了一下脑袋，把强盗从自己背上摔下去，随即拔腿就跑，连头也不敢回一回。这样，它也就没弄清楚这深夜里袭击它的，究竟是谁。

我们这森林里没有狼。就是有吧，狼也不会上树的。熊吗？这半夜三更的，它该正躲在树林茂密的地方懒洋洋地打迷盹，再说，熊也不会从树上跳下来，跳到麋鹿脖颈上的。你们说这个在夜间袭击森林动物的强盗，究竟会是谁呢？

到现在为止，还没有人知道。

救人的刺猬

天才蒙蒙亮，玛莎就醒了，她穿上连衣裙，光着脚板，就急急忙忙往森林跑去。

森林的一个斜坡上，长着许多甜甜的草莓。玛莎就是奔这甜果来的，她的手很灵巧，她的动作很快，一下就采了一小篮，转身就回家。一路上，她心花怒放，在露水湿得冰凉的草墩上，又是蹦又是跳。猛地，她脚底向前一滑，忽然疼得大叫起来，原来是一只光脚板滑下了草墩，被

什么东西戳得鲜血直流。

原来，这会儿正巧有一只刺猬蹲在草墩下。它把身子缩成一个圆球，在那里呼呼呼不停地叫。

玛莎呜呜哭了。她坐到身旁的草墩上，撩起连衣裙的下摆擦脚板上的血。

刺猬不叫了。

突然，一条大灰蛇，一条背上有锯齿形条纹的蛇，直直地向玛莎蹿过来。这是条剧毒的大蝰蛇！玛莎吓得胳膊、腿儿都软了。蝰蛇越蹿越近，边蹿边咝咝咝叫着，边叫边频频吐着它那分叉的舌头。

说时迟那时快，刺猬忽然挺直身子，撒开四只小腿，飞奔着向蝰蛇勇敢扑去。蝰蛇抬起整个上半身，像鞭子似的抽将过来。刺猬用一个敏捷的动作，即刻竖起身子迎向毒蛇。蝰蛇咝咝狂叫起来，想掉转身逃开去。刺猬却仍不放过，猛一下扑到它身上，从背后咬住它的脑袋，用爪子捶打它的脊背。

这时候，玛莎才清醒过来，一个弹跳起身，急急忙忙逃回家去了。

凶手是谁

（可作《凶险的强盗在夜间出袭》的续篇看）

今天深夜，森林里又发生了一桩谋杀案，住在树洞里的一只松鼠被杀害了。

我们到出事地点调查了一下，根据凶手在树干上和树底下留下的脚印看，我们看出了这个在夜间出现的凶险杀手是谁了。不久前杀死獐鹿的是它，闹得整个森林惶惶不可终日的也是它。

看过脚爪印迹，我们才知道：凶手是我们北方森林里的“豹子”，也就是下手特别凶狠的大山猫——猞猁（shēlì）。

大山猫幼仔已经长大。现在大山猫妈妈带着它们到森林里四处乱窜，这棵树那棵树爬上爬下。夜里，它们的眼睛跟白天一样明亮。谁要是在睡觉以前没躲藏好，就会死在它们的利爪下。

摘自少年自然科学家的日记：

毛脚燕的窝

6月25日。

我每天都看着毛脚燕夫妇进进出出，看它们忙忙碌碌地做窝。它们的窝一天天往上升高，往外膨大。它们总是一大清早就开始忙乎。近午时分稍事休息，下午再把上午筑的窝进行加固，修补，直到日落前一两个钟头才收工。它们不停地往湿窝上贴泥，这样是贴不住的，得让湿泥干一干，然后再接着往上贴，才好呀。

偶尔，别的燕子也过来参访。要是公猫费多赛齐不在房顶上，小客人就在横梁上逗留一阵，和和气气地叽叽喳喳聊聊家常。新建窝巢的主人，也不会撵客人离开的。

现在，窝已经像下弦月的样子了，就是两个尖角偏右的船形月亮的样子。

我很明白毛脚燕为什么要把自己的新房建成这个样子，为什么左右两边不是同时均匀地往上提升。因为窝是雄燕与雌燕一同出力，下功夫建筑的，而它们俩出的气力却不尽相同，雌燕衔泥飞回时，头总往左边扭，它干活很细心，飞出去衔泥的次数也比雄燕要多得多，所以左边粘上去的泥自然要多些，窝墙也就高些。雄燕飞出去，就几个钟头待在外头。它一定是在跟别的燕子在云霄间追逐嬉戏。它衔回泥来，头总往窝的右边歪。它干活这样拖拖沓沓，自然右边的窝墙要低矮一截了。就这样，燕子窝的左右两边总不一般高。

雄燕就这么懒！它也不晓得懒惰可是羞耻的啊！它的体格照例比雌燕还强健些哩。

6月28日。

燕子已经不衔泥了，不筑窝了。它们开始往窝里叼干草，衔绒毛，着手铺床垫子了。我万万想不到，它们把全部建筑工程估计得这么精细、周密，现在我才恍然大悟，原来，本就该让窝的一边比另一边提高

得快些的！雌燕堆垒的左边已经到顶了，雄燕的右边总还离楼顶有个距离。这样，这窝就成了一侧高一侧矮的圆泥球，自然而然在右边留了个进出口。

出入的门户本当留好的，窝本来就应当做成这个样子的嘛！要不然，这对毛脚燕夫妇可从哪儿进出自己的家呢？这不明摆着的，是我骂雄燕懒惰骂错了。

今天是雌燕头一次留在家里过夜。

6 月 30 日。

建窝的工程完工了。雌燕就一直待在窝里，不出门了——准是下第一个蛋了。雄燕不仅是给雌燕衔来些小虫子什么的，还不住声地唱啊，唱啊，叽叽喳喳，叽叽喳喳，向自己的妻子说着祝贺的话，开心个没有完。

一群燕子飞来了。它们是第一批前来贺喜的。它们一只一只鱼贯地从燕窝的侧旁飞过，往小窝里张望一眼，在窝前拍拍翅膀。这时女主人的小脸儿正探出窝外，说不定，它们是一个接一个把幸福的新妈妈亲吻过去。它们热热闹闹地贺过喜，就飞开了。

公猫费多赛齐对燕子窝的小生命觊觎已久。它常爬到屋顶上来，从横梁上往屋檐下方窥望。它是不是在急不可耐地等待小燕子出世呢？

7 月 13 日。

燕子妈妈已经在窝里一连坐了两个星期的月子了。它只在晌午时分，在一天中最暖和的时刻飞出来一小会儿。那时暖和的天气不会让娇嫩的蛋受凉的。它在屋顶上方打几个旋，顺便捉几只苍蝇吃，然后飞到池塘边，贴着水面飞掠，用嘴蘸点儿水喝，喝够了，就又急急忙忙回到窝里去。

可是今天，雄燕也好，雌燕也好，夫妇俩时进时出，比平时忙碌多了。我注意到，雄燕衔出一块白色的蛋壳，雌燕衔来一条小虫子。不用说，窝里已经有了小燕子了。

7 月 20 日。

坏了，坏事儿了！公猫费多赛齐爬上了房顶，几乎把整个身子从横梁

上倒挂下来，想伸爪子往窝里掏小燕子！窝里的小燕子啾啾、啾啾，叫得好让人揪心哪。

就在这节骨眼儿上，忽然不知从哪儿飞来一大群燕子，大声吱吱叫着，急匆匆飞着，大伙儿冲上去，几乎要撞击到费多赛齐的脸上了。噢呵！一只燕子险些儿被猫抓住了！噢呵！猫向另一只燕子扑去了……

好啊！这个灰毛强盗，这个费多赛齐，扑了个空，一滑脚，扑通一声，从横梁上摔了下来……

摔倒是没摔死，可也够它受的了。它喵呜叫了一声，瘸着，踮着三只脚，走了，看来，它这一跤摔得不轻。

活该！它今后是不敢再来掏燕窝了。

本报通讯员　韦里卡

燕雀和它的妈妈

我家院子里绿荫如盖。

我在院子里踱步呢，突然，从我脚底下飞出一只小燕雀。它的头上耸起两撮绒毛，像是长着一对犄角。它飞起来，很快又落下去。

我捉住它。父亲叫我把它放在开着的窗门的门框上。

个把钟头还不到，小燕雀的爸爸妈妈就飞来喂它了。它就这样在我家里住了一天。

天黑下来的时候，我关上窗户，把小燕雀关进笼子里。

一大早，五点钟，我醒来，看见小燕雀的妈妈蹲在窗台上，嘴里叼着一只苍蝇。我马上跳起身，打开窗户。自己躲在房间一角，暗暗观察。过了一会儿，小燕雀的妈妈又飞来了，落在了窗台上。小燕雀叽叽喳喳尖叫起来，它要吃妈妈嘴里的东西呢！这时，燕雀妈妈才下决心飞进房间来，蹦到笼子跟前，隔着笼栅喂自己的小燕雀。

后来，当燕雀妈妈又飞去找食的时候，我赶紧把小燕雀放出来，送到院子里去。

等我想起来，再去看看小燕雀怎么样了的时候，它已经不在那里了——燕雀妈妈已经把自己的孩子领走了。

沃洛嘉·贝科夫

绿色的朋友

我们这里的森林，以前好像是无边无际的。

然而因为我们不珍爱森林，不保护森林，乱砍滥伐，结果，原来长树木的地方，苍翠葱茏的地方，后来就出现了沙漠和沟壑。

农田的周围没有了森林作护卫，燥热的旱风就会从遥远的沙漠刮来，进攻农田。火热的沙子把田地覆盖，庄稼也就被烧死了。谁也没有办法保护这些庄稼。

江河、池塘和湖泊的岸边没有了森林，积水就渐渐干涸了，沟壑便开始进攻农田。

当我们醒悟过来，当我们开始对旱风、干旱和沟壑宣战，我们绿色的朋友就又回来了，森林就又来帮助我们了。

哪里的江河、池塘和湖泊裸露在烈日之下，它们因为没有庇荫而直接受到烈日的烘烤，我们就派森林到那里去。魁伟的森林像高高大大的壮汉，挺起伟岸的身躯，用头发蓬松的大脑袋去遮蔽江河、池塘和湖泊，不受太阳的灼晒。

哪里需要保护我们广袤的田野，需要摆脱凶恶的旱风，免受遥远沙漠里热沙的来袭，不叫旱风来侵害我们的庄稼，我们就在那里造森林。森林巨人挺起他宽阔的胸脯，挡住凶恶的旱风，像一道穿不透的铜墙铁壁，保护农田，保护庄稼。

哪里松软的土地往下坍塌，沟壑迅速扩大，凶残地吞噬我们农田的边缘，我们就在那里造森林。我们绿色的森林朋友在那里用它强有力的根系，牢牢抓住沃土，把沃土稳固在我们的田野，拦住胡乱爬行的沟壑，不许它啃噬我们的农田。

征服旱灾的战斗，我们在坚韧地进行着。

林国里的搏战

（续前）

白桦苗苗的遭遇，同草族和小白杨几乎没有两样。它们全被枞树扼杀了。

现在，枞树在那块林木采伐迹地上独霸天下了，没有争夺地盘的对手了。我们的通讯员卷起帐篷，搬到另外一块采伐迹地上去——伐木工人不是去年，而是前年在那里砍伐过一片树木。

在那里，他们亲眼看见了独霸林间空地的枞树，在争夺战发生后第二年的情景。

枞树这种树族，特别强大，不过，它们也有两个弱点。

第一个弱点是，它们扎在泥土里的根伸得远倒是远，却都不深。秋天，狂风在开阔的林木采伐迹地上肆意奔闯。许多小枞树被刮倒了，被风暴连根拔起。

第二个弱点是，枞树在年幼这段时间，还没有健壮到足以对付冬天酷烈的严寒。

枞树上的芽，全冻死了。有些树枝还很娇弱，也都被寒风吹断了。春天来时，那块被枞树控制的地盘上，连一棵小枞树也没有了。

枞树不是年年结子的树，所以枞树虽然很快赢得地盘了，但是这地盘并不巩固。有很长一个时期，它们没有能力与其他种族的树相抗衡。

草族是很狂勇的。第二年春天刚从地面露头，就跟别个种族你死我活地打起来了。这一会，它是轮到同小白杨、小白桦去拼杀了。

小白杨和小白桦都已经长高了，用不到使多大劲儿，就把韧细而又弹性很好的野草，从自己身上抖落了下去。草层层密密地包围着树苗，反而对树苗有益无害。去年的枯草，像厚厚的地毯般覆披在地上，腐烂时会散发出热量。新生的野草，把刚出世的娇弱的小树盖着、护着，不让小树受到早霜的侵害。

小白杨和小白桦长得很快，矮小的野草怎么也赶不上树苗的生长速度。野草不赶趟了。它这一落后可是致命的——因为草一照不到太阳，它就活不成了。

哪一棵小树都长得比野草高，并且它们很快把自己的枝叶伸展开来，把草遮蔽了。白杨和白桦没有枞树那种撑开浓密的针叶，可以遮挡住阳光，但它们的叶子宽，树荫布得大，所以还能遮住阳光，扼杀野草。

如果小树生得稀疏，草族还能够得到些阳光，因此还会有些生存的机会。但是在采伐迹地上，小白杨和小白桦都是密集生长的。它们麇（qún）集在一起，齐心协力地同野草搏战，它们把手臂般的树枝挽起来，一排排彼此紧紧挨着。这简直是一个林中空地上密不透风的树荫大帐篷了。野草分享不到阳光，都纷纷死了。

过了不久，我们的通讯员就看见了结果：战役打响后的第二年，白杨和白桦就大获全胜了。

于是，我们的通讯员又搬到第三个采伐迹地上去观察。

他们看见了些什么？我们将在下一期的《森林报》上报道。

乡村消息

在乡村，母鸡们一大早就被送往麦地餐厅，来避暑的两个阿姨因为亚麻变色而迷路了，浆果们要前往城市了，池塘的鱼餐厅被不懂用餐礼仪的鱼群弄得乱糟糟的！

母鸡的餐厅

今天一大早，母鸡就被送到它们的大餐厅去了。它们这次出远门，也算它们运气好，有汽车送它们。不过，住还是回来住在自己的房子里。

母鸡的大餐厅，就在收割过的麦地里。麦子收走了，地上还剩下麦桩和洒在地上的麦粒。这麦粒也不能白白糟蹋在地里啊，农人们就把母鸡送到地头餐厅去。这里成了临时的母鸡村。母鸡这餐厅确实只是临时的。它们捡完了麦地上洒下的最后一些麦粒，就又立刻被装上车子，送到其他麦地上去捡麦粒。

失踪的阿姨

不久前，河岸别墅里来了两个避暑的阿姨。后来听说，她们两人又神秘地失踪了。大家四处找她们，结果在离别墅三公里的地方找到了她们。

这两个到别墅里来的阿姨迷路了。早上，她们到河里去洗澡，她们分明记得，自己是从淡蓝色的亚麻地里穿过去的。午后，等她们洗完澡回家时，却怎么找也没找到原来淡蓝色的亚麻地了。于是就迷路了。

这两位新来避暑的阿姨不知道，亚麻是清晨开花，到中午时分，花就都谢落了，这时再看亚麻地，已经由一片淡蓝色变成一片翠绿色了。

送浆果上路

树莓、茶藨（biāo）、醋栗，这几种浆果都熟了。它们也就该从乡村进城去了。

不管需走多远，醋栗反正是不怕的。它说：

“把我送走吧！我能撑得住长途运输。走得越早我越撑得住。我现在没熟透，所以还是硬邦邦的，经得住震荡，耐得住摇晃。”

茶藨也说：

“只要轻拿轻放嘛，我走多远的路都不怕。”

但是，树莓一听说要走远路，就沮丧得不行，说：

“你们还是别碰我，求求你们把我留在原处吧！颠簸和摇晃会给我带来不幸的，会把我变成糨糊糊的。”

乱糟糟的鱼餐厅

这里的池塘里插着几根木牌牌，上头都写着“鱼餐厅”。这水底的餐厅里没有椅子。每天早晨，在写着“鱼餐厅”的木牌牌周围，就像是开了锅似的，鱼儿们都焦急地等着吃早餐。鱼还没有养成井然有序的用餐习惯，一到点儿上，就你挤我，我推你，碰碰撞撞乱作一团。

七点钟，大厨房的人用小船给水底餐厅送饭来了——有煮马铃薯，有用杂草做成的团子，有晒干的小金虫和鱼喜欢吃的许多其他东西。

这个时候，来餐厅就餐的鱼可真多！每个餐厅里至少有四百条鱼围着吃饭。

林野专稿

夏天是个捕虾的好季节。但是要想捕得多，就得了解虾的生活习性。小虾是怎么出生的？它们喜欢在白天还是在夜里活动呢？虾爱吃什么？捕虾有什么诀窍？一起来看看吧。

捉　虾

夏天，是捕虾的好季节。

必须了解虾的生活习性。

小虾是从虾子里孵化出来的。虾子有成百粒，整个冬天都附着在虾身下。它们在河岸和湖岸的小洞穴里过冬。这些虾子在产下前，是怀在雌虾的腹足里（河虾有 5 对脚，最前面一对是钳螯）和尾巴下面的后肚里的。初夏时节，虾子在温暖的水域里裂开来，孵化出蚂蚁般细小的小虾。

小虾头一年要换 8 次甲壳（这其实是它的外骨骼）。成年后，一年换一次。把旧一层甲壳脱掉后，虾就裸身躲在洞里，一直到身上的新甲壳长硬了，才出来。许多鱼都爱吃脱了甲壳的嫩体虾。

虾是夜游神。白天躲在泥洞里，而只要它感觉近旁有猎物出现，那就连强烈的阳光也不顾忌了，从洞里冲将出来，把猎物捉住。虾逮猎物的时候，我们在水面可以看见从水底冒上一串串的气泡来，这是虾呼出来的气。水里的小鱼啊、小虫啊都是虾的食物。不过，比较起来，虾最爱吃腐肉了。虾对腐肉的气味儿特别敏感，打老远它就能闻到。

所以，捉虾的人也就用小块臭肉、死鱼、死蛤蟆什么的来做捕虾的诱食。晚上，它们嗅到臭肉的气味，就从洞里出来，这时候，在水底最容易捉住它们。虾在觅食时，是头朝前游走的，只有在逃走的时候，才后退着走。

捕虾，把诱食的饵系在虾网上。虾网绷在直径三四十厘米的木箍或铁丝箍上。一定要让虾不能进网拖了腐肉就逃脱。虾网要用细绳捆缚在长竿的一端，人站在河岸或湖岸上，把虾网浸到水底。虾多的地方很快就会有许多虾钻进网里去，钻进去就出不来了。

还有一些比较复杂的捉虾办法。不过，最简单的办法是连虾网也不用，在水底里涉水到虾洞处，用手捉住虾背，把虾从洞里拽出来。当然，这样有时候会遭虾螯钳住，但那也不是多么可怕的事。

如果你随身带去一口小锅，还带上葱、姜和盐，你就可以当场现捉现煮现吃。

在温热的夏夜，头上是满天星斗，让星星看着我们在小河边或湖边的篝火旁烧虾吃，实在是妙不可言哪！

八方呼叫

夏至这天，《森林报》编辑部向四面八方发出呼叫。苔原、沙漠、森林、草原、山峦、海洋等地，在白昼最长、黑夜最短的这天，都会发生什么事呢？

注意！注意！

《森林报》！《森林报》向你们呼叫。

今天是6月22日，是一年当中太阳照射地面时间最长的一天，是一年当中最长的一天。我们通过无线电与天南海北进行联系。

苔原和沙漠，森林和草原，海洋和山峦，都请注意啦！

在这盛夏时节，在这白昼最长、黑夜最短的日子里，你们那里都在发生些什么？

喂！喂！这里是北冰洋群岛

你们说的是什么样的黑夜啊？我们这里甚至忘了夜和黑暗。

我们这里是永昼，24小时都是白天。太阳忽而升起来，忽而落下去，可就不沉浸到海里。这样的永昼日子，我们这里要延续三个月。

我们这里天不会黑，所以什么植物都长得很快。就像童话里说的那样，那草不是一天一天，而是一个钟头一个钟头从地面往上跳着长起来，叶子不是一天一天，而是一个钟头一个钟头茂盛起来，花儿不是一天一天，而是一个钟头一个钟头热闹起来。沼泽里长满了苔藓。就连光溜溜的石头上，都生长起了五彩缤纷的植物。

苔原苏醒了。

是这样的，我们这里没有斑斓的蝴蝶，没有漂亮的蜻蜓，没有灵敏蹿动的蜥蜴，没有青蛙和蛇。我们这里没有冬天钻入地下躲藏的、一冬都在洞穴里睡眠的大大小小的野兽。我们这里的土地一年到头都被冰封冻着，即使是盛夏时节吧，地面的冰也只化开最表面的一层。

乌云一般的蚊群，在苔原上雷鸣似的飞着。可是我们这里没有歼灭蚊子的飞翔名将，没有那些行动灵敏的蝙蝠。它们怎么能在这里待得下去呢？它们只能在黄昏和黑夜追捕蚊子啊！然而我们整个夏天都没有黄昏和黑夜，所以就算是它们能飞到这里过夏，那不也都得饿死啊！

我们这里的岛屿上，野兽的种类不多。只有旅鼠这种短尾啮齿动物、白兔、北极狐与驯鹿。难得有大白熊，从海里游到我们这里来，身子左右摇晃，在苔原上寻找小动物充饥。

不过，我们这里鸟多极了，多得数不清！虽然背阴的地方还能见到积雪，但已经有大批大批的鸟飞往我们这里了。有百灵、北鹨、雪鹀、鹡鸰，所有能歌善唱的羽翼朋友都飞到我们这里来了。有些鸟，你们可能压根儿没听说过，像鸥鸟、潜水鸟、鹬、野鸭、雁，你们可能知道，但像管鼻鹱（hù）、样子逗人笑的花魁鸟，你们可能连听都没听说过，还有许多稀奇古怪的鸟，连我们也叫不出它们的名儿呢。

鸣叫，喧闹，歌唱。

整个苔原，连光溜溜的岩石上都让鸟窝占据了。有些秃岩上，成千上万个鸟窝一个挨着一个，石头上只要有小凹坑，哪怕小得只能容下一个蛋，就有鸟去做窝。

那个哄闹，那个欢腾啊，就像是你们在鸟市所见的一个样！

如果有猛禽斗胆飞近这里，那么立马就会飞起大群的鸟与之抗争，奋身向它扑去，仅凭惊天动地的喧叫声，就能把强盗的耳朵震聋，况且，随即还有鸟嘴笃笃笃笃雨点般猛啄过去。为了保护自己的新生孩子，面对不共戴天的仇敌，谁都会起来拼命的。

你现在知道了，我们苔原上，夏天有多么快活！

你会问："你不是说，你们那里夏天没有黑夜，那么鸟兽都什么时候休息，什么时候睡觉呢?"

它们几乎就不睡觉。它们忙啊，没工夫睡啊！打个盹儿，又接着干活了：有的找食喂自己的孩子，有的做窝，有的孵蛋。谁都有忙不完的事儿，谁都没有闲着，因为我们这里的夏季很短。

睡觉，到冬天再睡觉，也为时不晚，它们会在冬天睡够一年的觉。

喂！喂！这里是中亚细亚沙漠

我们这里恰恰相反，现在大家都在睡觉。

我们这里，太阳整天都毒辣辣的，把草木都晒枯了。最后一场雨是什么时候下的，我们都记不起来了。可说来也很不可思议，就这样晒吧，草木也没全枯死呢。

这晒不死的草木中，有骆驼刺，它约半米高，根钻到火热的土地深处去——能钻进五六米深的地层呢。在那里，它可以汲取到地下水以滋养自己。有些矮树和草，不长叶子，就长绿色的细毛毛，这样，它们就可以减少水分蒸发。我们这里沙漠中的矮树一片一片，这些无叶丛林，你放眼望去，见不到一片叶子，只有绿色的细枝。

风一刮起来，沙漠里就卷起灼烫的灰沙，像密布的乌云，能把太阳都遮蔽了。于是突然之间，满地咝咝、嗖嗖地响，俨然成千上万的蛇，边蹿边叫，听来毛骨悚然。

然而这不是蛇，是无叶树林的细枝，被风刮得在空中像鞭子似的疯摇疯抽，发出咝咝、飕飕的响声。

真正的蛇，这会儿都在睡觉。沙原上的绞杀蛇是金花鼠和跳鼠的凶残杀手，为了躲避绞杀蛇的袭击，这两种沙漠鼠也都深深地钻进沙子里去睡觉了。

小兽们也在睡觉。四腿细长的黄色金花鼠用一块土疙瘩，把自己的洞口堵得严严的，不让阳光晒进去，成天躲在里头睡觉，它们只在大清早出洞来，给自己找点东西吃。这会儿，为了找到一棵没晒枯的小植物给自己充饥，得跑多少路啊。所以，金花鼠们干脆钻到地底下去，它们将长久地睡在地下，睡过一个夏天、一个秋天、一个冬天，直到第二年春天。一整个年头，它们就出来溜达三个月，其余的时间就是在地下睡觉。

蜘蛛、蝎子、蜈蚣、蚂蚁，它们害怕毒热燎身的太阳，都躲藏了起来，有的躲在石头底下，有的躲在背阴的土里，它们到夜里才爬出来。行动敏捷的蜥蜴和爬得很慢的乌龟也看不到了。

野兽都搬到沙漠边缘地带去住了。那里，它们容易喝到水。禽鸟们早已孵出了小鸟，带上自己的孩子飞走了。夏天不走的，只有那些飞得快的山鹑，它们可以飞到百来公里外的小河边去，喝够了，还装满嗉囊，随后急急忙忙飞回自己的窝里来喂小鸟。飞这样长的路程，在它们看来算不了什么。不过，它们也并不愿在沙漠久留，一旦雏鸟学会飞翔，它们也就离开这个恐怖的地方了。

只有人不怕沙漠。

人们在这里挖掘灌溉用的沟渠，把水从高山上引来，让死寂的沙漠变成绿茵茵的牧场和农田，让这里长出果木，建起果园和葡萄园。

人们不怕风，不怕沙浪，是因为能够同水、同植物缔结成联盟。有人工灌溉的地方，密密层层的树木就会像绿色的城墙似的屹立不倒，青草把无数细根扎进地里，抓住了沙粒，这样，沙丘也就不能再越过我们给它划定的界线了。

喂！喂！这里是乌苏里大森林

我们乌苏里大森林，不像西伯利亚大森林，也不像热带雨林。这里有松林，有枞树林，还有爬满了葎（lǜ）草和野葡萄藤的阔叶树。

这里的野兽有北地驯鹿、印度羚羊、普通的棕熊和西藏黑熊、黑兔、大山猫、虎、豹、棕狼和灰狼等。

鸟类呢，有淡灰色的松鸦和漂亮的野雉，俄罗斯灰雁和中国白雁，普通的野鸭和栖居在树上的怪模怪样的、五色斑斓的鸳鸯，还有长嘴巴、白脑袋、红腰身的朱鹭。

白天，大森林里宽大的树冠交错成一顶绿色大帐篷，阳光透不下来，所以终日黑魆魆的。

我们这里，一到夜里就漆黑一片。其实，连白天也跟夜间差不了多少。

现在，各种鸟都已产了蛋，或孵出了小鸟。各种野兽的幼崽都已经长大了，在进行猎食练习呢。

喂！喂！这里是库班草原

我们的田野一马平川，一望无际。

在收割完庄稼的田野上空，盘旋着鹰、雕、兀鹰和游隼。现在赤裸的地上已没有什么碍眼的东西了，打老远，就能看清老鼠、田鼠、金花鼠和腮鼠从洞里往洞外探头探脑，鹰隼们要收拾它们就比较容易了。

在没收割庄稼的时候，有些小野兽偷吃了多少麦穗啊！现在它们正在搜罗洒在田间的麦粒，搬回洞里去，可以装满它们的地下粮库。它们在储藏冬粮哩。野兽们也不落后，在猛禽们收集冬粮的同时，狐狸在收割后的麦地里捕捉小兽。白色的草原鸡貂也来帮我们除掉这些啮齿动物，它们干起来可利落了。

喂！喂！这里是阿尔泰山脉

在阿尔泰山脉低洼盆地上，闷热和潮湿是常态。早晨，露水在炎热的阳光下很快就蒸发尽了。晚上，草场上空浓雾弥漫。上升的水蒸气冷却后凝成白云，悠悠飘浮在山顶上，所以，每天天不亮前起来看，可以看到云雾在阿尔泰山脉的顶端缭绕，常年如此。

白天，这里的太阳把水蒸气送上天空，在那里变成水点，形成雨云，当雨云越积越多而乌云密布的时候，雨就从天空落下来了。

山上的积雪在不断消融。那些最高峰顶上的白的，是终年不化的冰雪。阿尔泰山脉的顶峰上，有一大片的冰原和冰河，那里冷极了，连正午当空的太阳都晒不化那里的冰雪。

但这些山顶上照样有水，雨水和冰水自上而下奔流着，汇成一条条山涧，沿山坡滚滚而下，当它们从断崖上直泻下时，就成了一挂挂瀑布。这水不停地往下流，流入江河。夏天，河里的水太多了，就暴涨外溢出河岸，盆地于是就泛滥起了洪水。

我们这里的气候是立体的。山上什么都有，底层的山坡上有茫茫的大森林，往上，有广布在高山上的肥沃草原，再往上则遍地铺满苔藓和地衣，就像是寒带的广袤苔原。到山顶，那就跟北极一样了，那里永远是冰天雪地，永远是冬天。

在那最高的峰巅，自然就没有野兽在那里走动，也没有飞禽在那里栖息了。只偶尔有强悍的雕和兀鹰飞上去，在高空用锐利的眼睛从云端往下俯瞰，搜寻它们要猎取的小动物。可到山腰处，就好像形形色色、林林总总的居民住在一座高楼大厦里那样，鸟兽各自盘踞着一层，一切按规矩来，谁该住多高就住多高。这大厦的最高一层是光秃秃的岩石，只有雄野山羊能毫不费劲地攀登上去，在那里住下。住在这大厦次高一层的是雌野山羊，还有跟雌火鸡差不多大小的山鹑。

在肥沃的高原草场上，住着挺着笔直犄角的羱（yuán）羊——一种阿尔泰山绵羊，它们享受着这里丰美的青草。雪豹跟到了这里来猎食它们。那里还住着旱獭，鸣禽也麇聚在这里。再往下，就是原始大森林了，里面住着松鸡、大雷鸟、鹿，还有熊，等等。

只有盆地里适合播种小麦。在山上，稍高的地方我们用马来帮助耕种，而更高的地方，我们用牦牛来犁地。

喂！喂！这里是海洋

我们的国家，有三面国界临着无边无际的海洋：西面是大西洋，北边是北冰洋，东边是太平洋。

我们乘轮船出发，穿过芬兰湾，横渡波罗的海来到大西洋。在大西洋上，我们频繁同外国船舰相遇，有英国船，有丹麦船，有瑞典船，有挪威船；有商船，有邮船，还有渔船。渔船在这里捕捞鲱鱼和鳘（mǐn）鱼。

出了大西洋，我们来到北冰洋，沿欧亚两大洲的海岸，有一条北方大航线。这里是我们的领海。这条航线是我们勇敢的俄罗斯航海家开辟的。这里厚厚的冰层封锁着海洋，随时都能给人带来致命险情，叫人有来无回。就为这缘故，此前人们认为打通这条航线是不可能的。然而现在，你看，我们的船长们驾驶着一队队的船只，由力大无穷的破冰船开道，跟着破冰船，循着这条航线航行。

我们在这荒无人烟的地方，看见了许多奇迹。起先，我们沿着大西洋赤道暖流航行。我们在这儿碰到了漂浮的冰山。太阳光映照着的冰山，是亮晶晶的，直晃我们的眼睛，睁都睁不开。我们在那里看到许多鲨鱼和海星。再往前驶去，暖流就折转向北，流向北极，就从这里，开始了辽阔无边的大冰原。这冰原在洋面上静静地顺洋流漂浮着，分开，又合拢。我们的飞机在海洋上空侦察，随时把冰原上可以通行的航道通报给船只。

在北冰洋的许多岛屿上，我们看见了成千上万正换毛的大雁，那么无助，那么无奈。它们翅膀上的翎羽都脱光了，因此就飞不起来了，只要把它们围起来，就可以把它们赶进网里去。我们看见不时咧出大獠牙的大海象，它们从水里钻出来，趴在冰面上休息。我们还看见令我们惊叹不已的各种海洋动物：有个头很大的海兔，有一种头顶戴个大皮囊的鸟，那皮囊可以突然鼓起气来，于是一下活脱脱像是头上忽然扣上了一顶钢盔！我们看见了许多逆戟鲸，它们露出让人一看就胆战心惊的大牙，飞速游动，追猎鲸鱼和鲸鱼崽。

不过，鲸的事就留到下次再谈吧。我们还将航行到太平洋去，那儿能看到的鲸鱼将更多。再见！

一二678，哪个你能答

1. 有一种鸟，就在沙地上、洼坑里下蛋，这种蛋是什么颜色的？
2. 蝌蚪是先长前脚，还是先长后腿？
3. 短尾金腰燕做的窝，同尾巴叉子形的家燕做的窝，从外表上看有什么不同？
4. 哪一种鸟把鱼刺铺在窝里当垫子？
5. 为什么燕雀、金翅雀、篱莺之类的鸟，在树枝间做的窝不容易被人发现？
6. 所有的鸟都这样：夏季里抓紧下一次蛋，孵出来，生儿育女的任务就完成了。是这样吗？
7. 什么生物在水底用空气给自己造房子？
8. 什么动物的孩子还没出世，就交给别人去抚养了？

森林报

夏（第二号）

育雏月（7月21日到8月20日）

太阳进入狮子宫

禽兽的新一代蓬勃了大森林的生机

7月是夏季的稍尖，大伙儿不知疲倦地把大森林重新调理、重新整顿、重新安排。7月语重心长地说服黑麦低下头去，向大地深深地鞠躬致谢。燕麦已经穿上了长褂，而荞麦连衬衣都还没穿上。

植物利用阳光把自己养得绿绿的，身高体壮。成熟的黑麦和小麦，把田野变成一望无际的金色海洋。我们把它们贮藏起来，就一年四季都不愁吃的了。

我们为牲口储备饲料：一畈（fàn）畈的青草已经割倒了，堆起了一个个的草垛。

鸟儿不像前一个月那样，天天从早到晚叽叽喳喳了，它们现在顾不上唱歌了。所有的鸟窝里都有了鸟娃娃。鸟娃娃刚出世，通身光溜溜的，没有毛，眼睛是瞎的，很长一段时间需要父母的悉心照料。现在地上、水里、林中，还有天空，都有鸟爸爸和鸟妈妈可叼来给鸟娃娃做营养品的食物。每个鸟窝里都不愁吃的！

森林里，到处都可以找到玲珑剔透的浆果，多汁的草莓啊，多汁的黑莓啊，多汁的大覆盆子啊，还有多汁的野樱桃。在北方森林里，则有金黄色桑悬钩子；在南方果园里，樱桃熟了，洋莓熟了，杨梅熟了。草场脱掉了金黄色的衣裳，换上了缀满野菊的花衫，它们雪白的花瓣反射着炽烈的太阳光。这个时候的太阳，是不能跟它开玩笑的，弄不好，就会把自己给灼伤的。

森林里的娃娃们

7月是飞禽走兽们育雏的月份，动物们都在忙着养育自己的孩子。那么谁的孩子是最多的呢？为了让孩子们吃饱，鸟儿们每天得工作多长时间？

谁的孩子多

罗蒙诺索夫城郊的大森林里，有一只年轻的雌麋鹿。今年，它生了一头小麋鹿。

白尾雕的窝，也做在这个森林里。它的窝里有两只小雕。

黄雀、燕雀、鸡鸟，它们各孵出了五只小鸟。

转颈鸟的窝里，有八只小鸟。

长尾山雀孵出的雏鸟是十二只。

灰山鹑孵出了二十只小山鹑。

在棘鱼的窝里，每一颗鱼子孵化出一条小棘鱼来。一个窝里有百来条小棘鱼呢。

一条鳊鱼产下的子，所孵化出的小鳊鱼，有好几十万条。

鳘鱼的孩子多得数不过来，大概有几百万条吧。

鳘鱼妈妈照料的孩子们

鳊鱼和鳘鱼一点都不管它们的孩子。它们一生下鱼子就径自游开了。小鱼只能听天由命，它们怎么感觉，怎么孵出，怎么生活和怎么才能叫

自己不饿死，妈妈统统不闻不问。如果你有几十万或几百万个孩子，不也会这样吗？反正，要一个个知冷知暖、知饱知饥地照料，是做不到了。

一只青蛙只有千把个孩子，它还不替它们操心哩。

当然，鳘鱼孩子没父母照顾，日子很不好过。水底多得是贪馋的大个儿鱼，它们都以水中美味的鱼子和青蛙卵为食，鲜嫩的小鱼、小蛙它们也很喜欢。

小鱼长成大鱼以前，蝌蚪长成青蛙以前，它们随时可能丧命。它们没有长大以前，会遇到多少危险和威胁，它们随时会成为大鱼的腹中之物。所有这些，每每想起，都让人害怕啊。

鸟的劳动日

大清早，天才微微亮，鸟儿们就飞出去了。

椋鸟一天要干十七小时的活。家燕干十八小时。雨燕干十九小时。而郎鹟干活，一天超过二十小时。

我验证过，这些数字都是对的。

它们不这样干不行啊。

一只雨燕，每天至少要回窝给幼雏送食物30次到35次，这样才能喂饱孩子。椋鸟给小鸟送食物每天不少于200次，家燕至少300次，郎鹟要450多次！

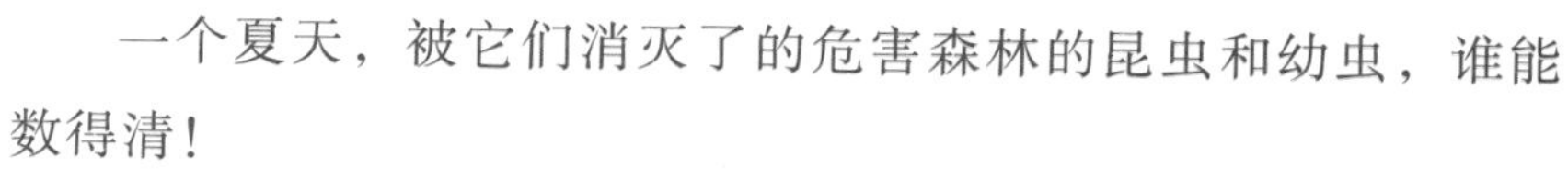

一个夏天，被它们消灭了的危害森林的昆虫和幼虫，谁能数得清！

它们干活——它们的翅膀没有得闲的时候！

本报通讯员　尼·斯拉德科夫（大自然文学作家）

悉心照料孩子的妈妈们

森林里，不辞辛苦照料自己孩子的，不只有以上这几种鸟儿。

麋鹿妈妈对它孩子的照顾也称得上是尽心竭力、细致周到呢。

麋鹿妈妈随时准备为它的独生子付出生命的代价。就是大黑熊来进攻小麋鹿，麋鹿妈妈也会前腿后脚一齐动员，对来犯者踢踏不饶。吃过麋鹿蹄子的米沙（熊的戏称）大爷，会一辈子记住那苦头的——它可是再也不敢走到小麋鹿跟前来了。

我们《森林报》的通讯员，碰到一只在田野里跑动的小山鹑。这只小山鹑就在他们脚跟前蹦出来，猛一蹿，逃进了临近的一个草丛里，就躲在那里不出来。

通讯员过去把它逮住了。小山鹑啾啾啾拼命叫唤。山鹑妈妈忽然不知从什么地方奔出来。它看见自己的孩子被人家捉在手里，就咕咕叫着扑了过来，接着又自己摔在地上，耷拉着翅膀。

通讯员以为它受伤了，就放开小山鹑去追它，追山鹑妈妈。

山鹑妈妈在地上一瘸一拐地走着，眼看一伸手就可以逮住它了。可是，当通讯员真伸手去逮时，它又离开闪向一旁。突然，山鹑妈妈扑棱扑棱翅膀，从地上飞起，竟然嘟一声飞走了，像是刚才什么事儿也没发生过。

我们的通讯员这才赶快掉转头来找小山鹑——哪里还有小山鹑的影子啊！原来，山鹑妈妈是故意装出一副受伤的样子——一瘸一拐地走路，把通讯员从它儿子的身边引开，这样儿子就会得救了。它对自己的每个孩子都卫护得那么好，怎能不叫人感叹啊！它的孩子说多也不多，就那么二十来个！

森林要闻

森林里，各种浆果都成熟了。在闷热的天气，黑熊妈妈带着两个调皮的熊宝宝去河里洗澡。一只老猫居然奶大了一只小兔子。为了保护自己，小转颈鸟使出了聪明的小把戏……

浆　果

各种浆果都成熟了。

果园里，人们在采摘树莓、红醋栗、黑醋栗和酸栗。

树林里也能找到树莓。树莓是一种集丛生长的矮树。你从树莓丛里穿过，它的茎难免被折断。折断的树莓茎落在地上，脚一踩上去，就会咔嚓咔嚓响。不过，这对树莓并不会造成什么损害，因为这些树莓的茎本来就活不过秋天。瞧，这是它的下一代。从它们的地下茎上，有无数鲜嫩的茎要钻出土去，成为地面上的茎。地面上的茎是毛茸茸的，浑身都是细细密密的刺儿。到明年夏天，就轮到它们开花结果了。

在矮树林里，在草墩旁，在伐木场的树桩边，越橘熟了，有一面已经红了。

越橘也长得不高，浆果成堆成堆地结在树梢头上。有几棵越橘，浆果一串串从树梢挂下来，很大，很沉，坠得茎都打弯了，躺在苔藓上。

多么想挖一棵移栽到自己家里去，看是不是在家里也一样生长得好，试试浆果能不能变大一些？但是，在没有习惯于家庭栽培以前，它们一定是长不好的。

越橘的浆果很讨人喜欢。它的果实可以保存一个冬天。吃的时候，只要把它用开水冲一冲，或者捣碎，浆汁就会渗出来。

浆果能放一冬也不腐不烂呢！因为它自己有个防腐的好办法。它含有一种苯甲酸，而苯甲酸是能够防止果实腐烂的。

尼·帕甫洛娃（生物学博士）

小熊洗澡

一个猎人在林间小河的堤岸走着，突然听得树枝咔嚓一声响。猎人一惊，他想准是有什么猛兽在不远的地方，于是他三下两下爬上了树，在树上向四面细细观望。

从密林里走出一头大黑熊，是熊妈妈，后面跟着两头小熊。它们在河岸上走着，小熊可开心啦！

熊妈妈停下，用牙齿叼起一只小熊的脖子，直往河里扔。小熊尖叫着，四脚乱蹬，但是熊妈妈没有马上将小家伙扶上岸来，直到小熊洗得干干净净，熊妈妈才让小熊爬上岸来。

另一只小熊怕洗冷水澡，撒腿就往林子里溜跑了。

熊妈妈追上小家伙，啪！打了它一巴掌，接着像叼前一只一样，叼来扔进了水中。

两只小熊洗过澡，爬上岸来。这样闷热的天气，它们还披着厚厚的绒毛，凉水使它们爽快透了。熊妈妈带着小熊洗完澡，又躲进了森林，这时猎人才从树上爬下来，回家去。

老猫奶大的兔子

春天，我们家的老猫下了几只小猫，我们把小猫都送了人了。恰好这时我们从林子里捉到一只小兔子。

我们把小兔子放在猫妈妈身边。猫妈妈奶水正多着，胀得它难受，所以它非常乐意喂小兔子，让小兔子吃个饱。

兔子就这样在老猫的奶水喂养下渐渐长大了。它们相处得非常亲昵，连睡觉时也紧紧依偎在一起。

最好笑的是，猫教会了自己的养子跟狗打架。狗一跑进我们家院子，猫立马扑上去，拼命地乱抓。小兔子也跟在后面追过去，挥动他的两只前腿，咚咚咚，擂鼓似的往狗身上捶打，打得狗毛一撮撮往下飞落。四邻八舍的狗于是就都害怕我们家的猫和猫的养子——就是我们的这只兔子。

转颈鸟的把戏

我们家老猫看见树上有一个洞，就以为一定是什么鸟的鸟窝。它很想吃那洞里的小鸟，就爬上树去，把脑袋伸进洞里去瞅。它看见洞底有几条小蝰蛇在蠕动着，扭来扭去，还发出咝咝的声响。猫吓了一大跳，就掉转头，从树上蹦了下来，撒腿没命地逃走！

其实洞里压根儿就不是蝰蛇，是转颈鸟的雏鸟。它们为了迷惑敌人，防止敌人来袭，就把小脑袋不停地旋转，把脖子不停地扭动，从上面往下看，它们的脖颈就像是几条不停转动的蝰蛇。这是转颈鸟御敌的把戏。同时，它们还发出蝰蛇那样的咝咝声。毒性剧烈的蝰蛇是谁都怕的呀，所以小转颈鸟就装蝰蛇，吓唬企图侵扰它们的敌人，让敌人不敢挨近。

水底打架

生活在水底下的孩子，跟生活在陆地上的孩子一样，喜欢打架。

两只青蛙跳进水塘里去，发现里面有只怪模怪样的蝾螈，身子长长的，脑袋大大的，四条腿短短的。

“多可笑的一个怪物啊！”小青蛙想，“应该跟它来上一架！”

说打就打，一只小青蛙咬住大脑袋蝾螈的尾巴，另一只小青蛙咬住它的右前腿。

两只小青蛙使劲一拽，蝾螈的尾巴和右前腿就给小青蛙扯断了，而蝾螈却逃走了。

过了几天，小青蛙又在水底遇到这只小蝾螈。现在，它可成了名副其实的怪物了，你看，原来该长尾巴的地方，长出来一只脚，在拉断了右前腿的地方，长出来一条尾巴。

蜥蜴也是这样的，尾巴断了，能重新长出一根来；腿断了，能重新长出条腿来。而蝾螈在这方面的本事比蜥蜴还大。不过，有时会长乱掉，颠颠倒倒的，在断了肢体的地方，会意想不到地长出同原来肢体不相配的东西，譬如像这只蝾螈，现在长尾巴的地方，原来是长右前腿的。

不是风，不是鸟，是水

我想讲讲一种叫“景天”的植物。它的花可好看了。我非常喜欢这种小小的植物。特别喜欢它那厚厚的灰绿色的叶子，片片都鼓胀得很好看。这些小叶子生得很密，密得连茎干都看不见了。景天的花儿开成五角小星星，鲜鲜亮亮，也非常好看。

现在这花已经谢过了，结上果了。果实是扁扁的小五角星模样。它们紧紧关闭着。你别以为果实关闭着，就没成熟。晴天，景天的果实就是这样闭而不开的。

现在，我来要它张开。我只要从水洼里舀点水来，一滴就够。把水滴在小星星中央，我的目的就达到了：果壳就会张开来。瞧，种子露出来了。景天的种子不像有些植物那样怕雨淋。它们倒是相反，喜欢水来淋。再滴上几滴水，种子就顺着水淌下来。水把它们带走，带得很远，种子也就播种到远处去了。

帮助景天播种的，不是风，不是鸟，也不是兽，而是水。我看过一棵

景天，生长在断崖的石缝里。是顺着石壁往下流的雨水，把景天的种子带到那峭壁去的。

尼·帕甫洛娃（生物学博士）

妙不可言的小果实

牻（máng）牛儿是一种杂草，它的果实很有意思，简直奇妙无比。菜园里就很容易见到它们。这种植物看着并不起眼，乱蓬蓬的，花紫红色，也平常。

现在，早开的一批已经谢了，每个花托上凸起鹳嘴那样尖尖长长的东西。原来，每个鹳嘴里是五个相连生在一起的种子尾端。它们很容易被分开。这就是它大名鼎鼎的种子，上头有个细尖儿，下面好像有毛茸茸的尾巴。尾巴尖儿弯弯的，看着像把镰刀，底下扭成一根螺旋。这根螺旋一受潮，就会伸直。

我把种子夹在两个手掌间，重重哈上一口气。它果然就转动起来，尖尖的芒刺搔得我手心痒痒的。看，真的，螺旋就舒展开了，伸直了。再放些在手掌间，再吹气，就又能看到它们旋转。

这种植物为什么要玩旋转把戏呢？是这么一回事：这种种子脱落的时候，戳在地上，用它那镰刀似的尾巴尖儿钩住小草。天气潮湿的时候，螺旋绕开来，它一转动，尾巴尖儿就钻到地里去了。

种子再想出来，就已经办不到了：它的芒刺是往上翘的，能顶住上面的泥土，不让它出来。

啊呀，这有多么巧妙啊！植物把自己的种子牢牢地播进土里去了。

在湿度计发明以前，人们就利用这牻牛儿的果实来测量空气的湿度——这就是为什么牻牛儿大名鼎鼎的缘故。可想而知，这种果实的小尾巴灵敏到什么程度。人们把这种种子固定在一个地方，于是，它的小尾巴就像湿度计上的指针，移动着，指出空气的湿度。

尼·帕甫洛娃（生物学博士）

摘自少年自然科学家的日记：

天蓝色的和翠绿色的

8 月 20 日。

今天，我早早就起了床。起来往外一看，不由得大声惊叫起来：啊！青草怎么全变成天蓝色的了！纯天蓝色的草！草都被夜露的沉重坠得低下了头，在初阳下闪耀着星星般的光亮。

你来把白和绿两种颜色掺合在一起试试，就会变成天蓝色的。是露珠撒在鲜绿色的青草上，把它染成了蔚蓝。

穿过一片蔚蓝的草地，从丛林通到板棚前，延伸着好几条小径。板棚里存放着好几袋麦子。原来，有一窝灰山鹑，趁人还没有起床时跑到村里来偷吃麦子了。瞧，这就是它们。它们在大麦场上。淡蓝色的山鹑，它们胸脯上有个马蹄形的巧克力色的大斑。它们的小嘴笃笃笃地啄着，它们得赶紧啄——不然，人一醒来就啄不成了！

再往远处看，那边树林边上是燕麦地。还没有收割的燕麦也是一片蔚蓝。一个猎人掮（qián）着枪在麦地里来回走动。我知道，猎人是在那里守候猎琴鸡呐！琴鸡妈妈常常带了它的一窝小琴鸡到地头来捡麦粒，要在这里饱餐一顿。琴鸡在天蓝色燕麦地里跑过的地方，也是绿色的，一窝琴鸡在燕麦丛里跑过的时候，把露珠给碰落了。猎人始终也没放枪——大约是琴鸡妈妈带上它的孩子们，逃回树林里去了。

本报通讯员　韦里卡

林国里的搏战

（续前）

我们的记者来到第三块采伐迹地。十年前，伐木工在那里采伐过一批木材。这块林间空地现在还是白杨和白桦两种树木的天下。

赢得占领权的白杨和白桦，不放其他树木进自己的领地。春天，青草都想钻出土来，但是，它们很快就憋死在浓荫蔽日的阔叶树帐篷下面了。

枞树每隔三年结一次种子，每次枞树结下种子来，就设法派一批新的伞兵到采伐迹地上去。不过，在那白杨和白桦的领地里，它们都没能出土——白桦和白杨的树荫把枞树的种子都闷死在土里了。

年轻力壮的树苗很快长大长高，那速度不是按天算，而是按钟头算。白桦和白杨两种树以群体的耸立，控制着采伐迹地的上空。终于，它们觉得拥挤了，这时，两种树木间的争吵就发生了。

每一棵小树都想在地上和地下多抢到一些地盘。每一棵小树都是越长越宽，排挤它们的邻居。采伐迹地上的树苗你推我搡，谁也不让谁。

强壮的树苗有强壮的根系，所以比孱弱的小树长得要快，因此，树枝叶的伸展也宽些。一棵身体结实的小树长高之后，就伸开它的胳臂——它的树枝伸到旁边小树的头上，那孱弱的小树就因为得不到阳光而更孱弱了。

最后一批孱弱的小树就在强壮树的浓荫下死去了。这时，矮小的草才好不容易从地里钻出来。不过，已经长高了的小树不再害怕草苗了。让它们为自己的生存折腾去吧，这样倒是可以让自己的根暖和些。但是，白桦和白杨两种树虽然胜利了，而它们的后代，它们的种子落向地面时，却是落进了自己造成的黑暗中，落进了阴湿的地窖里，都窒息而死了。

枞树耐心地继续着它的播种事业。它每隔两三年就派出一批伞兵去到这片草木拥挤的林间空地。已经在这里站稳脚跟的白桦和白杨，对这些枞树派出的小伞兵不屑一顾。它们能有什么作为呢：让它们在地下阴湿的窖窟里折腾去吧。

枞树苗最终还是在黑暗阴湿的地底下长出来了，它们确实出世得艰难，但总归是从土里钻出来了——它们需要的这点阳光还是有的。它们长得细瘦又羸弱。

可晚生也有晚生的好处，它们在别个的树荫底下，狂风吹来摧折不到它们，它们不会被风从地里拔起来。暴风雨呼呼哗哗摇撼着白桦和白杨，刮得它们连气都喘不过来，不停地呜呜叹息，把腰弯向地面，而小枞树待在地下室里，安安稳稳的，什么事儿也没有。

小枞树苗在地下室里，春季刺骨的早霜和冬季严酷的寒冷伤害不到它。而在采伐迹地的地面上过日子就难了。秋天，白桦和白杨的落叶在地上腐烂了，发出热来，青草也发热了。枞树小苗需要忍受的就是地窖里的幽暗。

小枞树不像小白桦和小白杨那样喜爱阳光。它们惯于忍受黑暗。它们忍耐着，生长着。

我们的通讯员对它们很同情。后来，他们又转移到第四块采伐迹地上去了。

我们等待着他们继续给我们发来关于森林国里搏战谁输谁赢的报道。

乡村消息

从乡村传来了新的消息：为了重建森林，孩子们收集种子、守护森林，是森林的朋友。树林里冒出了第一朵白蘑菇。大家还收到了一封来自远方海岛的来信……

森林的朋友

在卫国战争期间，许多森林被毁掉了。各处林区都在努力设法重新营造。我国中等学校的学生们在帮助林区搜集种子的事情上，做了大量的工作。

需要好几百公斤松子，才能培植出新的松林来。三年来，孩子们收集了七吨半松子。他们还帮助林区整地、管护苗木、守卫森林、预防林火。

林中简讯

我们村的树林里，从地里冒出了第一朵白蘑菇。看，多结实，多肥硕！

蘑菇的帽子上有个小洼坑，四周一条一条的，沾满了松针，长出这白蘑菇的土是隆起的。要是把这块土挖开，就能找到许多许多没有出土的大白蘑、小白蘑、小小白蘑和最最小的白蘑！

远方来信之鸟岛

我们的轮船在喀拉海东部海域航行。四周是无边无际的汪洋。

忽然，在桅顶监视的海员大声叫起来：

“正前方，有一座倒立的山！”

“该不是他的幻觉吧？”我寻思着，爬上了桅杆。

真的，都看得清清楚楚，我们的船正向着一个危岩嶙峋的石岛驶去，这个石岛上大下小，倒立着，仿佛高悬在空中似的。

巨大的岩石那么悬空倒挂着，看不到任何支撑。

“哎，伙计，”我自语道，“不会是你的脑子迷糊了吧！”

但这时，我想起“是折光造成的幻觉！”就不由得笑了起来。这可是一种值得好好看看的自然现象啊。

在这北冰洋上，折光，或者叫海市蜃楼，是常见的自然现象。往往出其不意，你会忽然看见远处横着一条长长的海岸，或一条船，就那样神

奇地倒挂在空中。这是它们在空中颠倒的映象，就跟照相机里的测景器里看到的映象一样。

我们的船行驶了几个小时，终于到达那个远方的石岛。石岛当然并没有倒挂在半空中，而是从水中崛起，层层叠叠的岩石沉沉稳稳地矗立在那里。

船长测定了方位，低头看了看地图，说这是比安基岛，位置在诺尔丁歇尔特群岛的海湾入口处。这个岛命名为比安基岛，为的是纪念俄罗斯科学家瓦连丁·利沃维奇·比安基，也就是我们这部《森林报》所纪念的那位科学家。所以我想，你们会很想知道这个岛是什么样子的，岛上都有些什么。

这个岛是由许多嶙峋的岩石堆叠而成的，有巨大的圆石，也有扁平的方石。岩石上没有灌木杂树，也没有青草，只有一些浅黄色和白色的小花，在阳光下发亮。还有，在背风朝南的岩石上，轻巧地铺着地衣和苔

藓。这里有一种青苔，很像我们那儿的平茸菌，肥软肥软的，紧绷绷的。在其他地方，我从来没见过这种青苔。倾斜海岸上有一大堆木头，有圆木，有树干，有木板，各种木头都有。这是从海上漂来的，也许是漂了几千公里才漂到这儿！这些木头都干透了，屈起手指轻轻叩它们一下，会发出脆亮的笃笃声。

现在是 7 月底，但是这里的夏天才开头哩。这儿的夏天来得如此晚，却也不妨碍那些大冰块、小冰山静静地从岛旁漂过。它们在阳光下闪闪发亮，直刺得人连眼睛都睁不开。这里的雾浓得发稠，低低地笼罩在岛上和海面上。经过的船只，望去只见其桅杆，却不见船身，不过，这个岛也难得有船只经过。岛上荒无人烟，所以连野兽见人也不知道害怕。无论谁，只要身边有盐，就可以往它们的尾巴上撒上一点，把它们捉住。

比安基岛是个不折不扣的鸟天堂。岩石上叽叽喳喳、咿咿呀呀，什么鸟叫声都有，一片是震耳的喧闹，整个岛就是个大鸟窝，无数的鸟相互拥挤着生活在一起。在这里做窝的有成千上万只野鸭、大雁、天鹅、潜鸟以及各种各样的鹬鸟。比这些鸟住得高一些的有海鸥、北极鸥和管鼻鸌，它们的窝做在光秃秃的岩石上。这里什么样的海鸟都有，有身白翅黑的鸥，有小巧伶俐的羽毛粉红色、尾巴像剪刀那样分叉的鸥，有身体魁伟、生性凶暴的北极鸥——这种鸥吃鸟蛋、吃小鸟，也吃小兽。这儿还有浑身雪白的北极大猫头鹰。美丽的白翅膀、白胸脯的雪鹀，像云雀一样飞到高空歌唱。北极百灵在岛上边跑边唱，它们的颈上有一圈黑羽毛，像几绺黑漆漆的胡子，头上竖起两撮犄角样的黑冠毛。

这儿的野兽……

我带了早点上海岬。上了海岬，我就坐在岸上。我坐着，身旁有许多旅鼠窜来窜去。这旅鼠是个儿很小的啮齿动物，通身的绒毛有三样颜色：灰色、黑色和黄色。

岛上有很多北极狐。我在乱石堆里看见过一只，它正偷偷向一窝还不会飞的小海鸥走去。忽然，大海鸥们发现了它，立刻向它发起攻击，叫着嚷着猛扑过去，吓得这个小偷夹起尾巴没命地逃窜。

这里的鸟善于保卫自己，它们不让自己的孩子受欺负。这样可就弄得野兽都只好饿肚子了。

我往海面眺望。海面上有许多鸟游着。

我打了一声呼哨。这时，突然从岸边水底下钻出几个油亮亮的圆脑袋，一双双乌溜溜的眼睛，好奇地直愣愣盯着我看，它们大概是在想：哪儿来的这么个怪东西，干吗吹口哨呀？

这油亮脑袋的是海豹，一种个儿不大的海豹。

在离岸远些的地方，又出现了一只块头很大的海豹。更远处，有一些长着胡子的海象，它们的个儿更大了。接着，让人料想不到的事发生了：所有的海豹、海象都一下钻进了水里，鸟大声鸣叫着，飞上了天空——噢，原来是有一只白熊从岛旁水面游过，它只露出个脑袋。白熊是北极地区最凶猛、力气也最大的野兽。

我感觉肚子饿时，才想起拿出早点来吃。我记得清清楚楚，我是把早点放在自己身后的一块石头上的，然而，现在却找不到它了。石头底下也没有。

我一下跳起来。

从石头底下窜出一只北极狐。

小偷，小偷！是这个小偷悄悄走过来，偷走了我的早点！它嘴里还叼着我用来包夹肉面包的纸呢！

瞧，都是因为这岛上的鸟，我的早餐不幸葬送在一头不规矩的畜生嘴里了！

远航领航员　马尔丁诺夫

林野专稿

喜欢音乐的老猎人一直想学会拉小提琴。一天，熟悉的农人告诉老猎人树林里有一只老熊，于是老猎人便来到树林里寻找，却意外地发现那只黑熊竟然是个“音乐家”！

音乐家

老猎人一个人坐在墙根的土台上，叽叽嘎嘎地拉着小提琴。

他很喜欢音乐，想学会拉小提琴。他学得很用心，效果却不理想。不过老猎人不在乎，他觉得只要自己满意就好。

一位他熟悉的农人从旁经过，对老人说：

“你别拉了，杀猪似的，难听，你还是拿起你的猎枪，你拉琴肯定不如打猎有出息。我刚才看见树林里又钻出一头老熊。”

老猎人一听说有熊出没，就立即把琴放一边，向农人细细打听，问他是在哪儿看见熊的。问完了，他拿起猎枪向树林走去。

老猎人在森林里找了好久，连熊的脚印也没能找到一个。

老猎人找累了，便就近在一个树墩上坐下歇气。

树林里静悄悄的，没有听见树枝发出的咔嚓声，也没有听到鸟儿的啼叫声。

突然，老猎人听到“津……”的一声。这声音美妙动听，仿佛是弦乐器奏出来的。

过了一会儿，又听到“津——”地叫了一声。

老猎人感到很奇怪：

“到底是谁，在树林里玩乐器？”

树林深处，又传来“津——”的声音，响声清脆而柔和。

老猎人从树墩上站起来，小心翼翼地循声走去。响声是树林那边传过来的。

老猎人悄悄走到一棵枞树后面，探身一看，只见树林边上有一棵被雷劈断的大树，树上翘起一些长长的木片。树根处坐着一头熊，它用前爪抓住木片，拽着朝自己身边扳过来，接着又猛地松开爪子。木片弹回去，就颤动起来，空气中随即传来“津——”的声音，和弦乐器演奏出来的声音一样。

黑熊低头聆听着，似乎是在欣赏这音乐。

老猎人也侧耳倾听：木片发出的声音多么好听啊！

颤音停止了，黑熊又把木片扳过来，随即又撒爪。

晚上，那位熟悉的农人从猎人的小木屋旁经过。老猎人还是拿着小提琴，坐在那墙根土台上。他用手指拨弄一根琴弦，琴弦轻轻地发出“津——津！”的声音。

农人问老猎人：

“怎么啦，你把熊收拾了？”

“没有呢。”老猎人回答说。

“怎么，要和熊交朋友啊？”

“它既然是个跟我一样的音乐家，我怎么能开枪打它呢？”

于是，猎人动情地向农人一五一十说了老熊扳木片奏乐的情景。

一二678，哪个你能答

1. 一头有尾巴的牛和一头没有尾巴的牛相比，哪一头更容易吃得饱些？
2. 一年里的哪一季猛禽和猛兽能吃得最饱？
3. 什么动物在成长以前要生三次？
4. 当人们形容说的话对人毫无影响、不起作用时，为什么就说“水浇鸭背”或“水浇鹅背”？
5. 为什么狗觉得热了，就吐出舌头，而马觉得热了，却不吐出舌头？
6. 蜜蜂蛰了人以后，它自己就怎么样了？
7. 刚生下来的蝙蝠吃什么？
8. 什么动物眼睛生在角儿上，房子背在背脊上？

森林报

夏（第三号）

成群月（8月21日到9月20日）

太阳进入室女宫

鸟飞兽走表征着森林活跃而丰富的生命

8月，是多闪电的月份。夜间，一道道电闪无声地横过天际，照亮了森林。

在这夏季的最后一个月里，草地最后一次换了自己的衣装：现在，它变得五彩斑斓，花的颜色大多是深颜色的，更多的是天蓝色和紫红色。太阳光的威力在一天天减弱，草地需要倍加珍惜行将告别的阳光，要抓紧收集它，储藏它。

大个头果实正在成熟。晚熟的浆果，譬如树莓、越橘什么的，眼看就要成熟了，沼泽地上的蔓越橘、树上的山梨，等等，也都快熟透了。

一些不喜欢毒热太阳光的蘑菇，这时长出来了。它们像是为了躲避太阳，都悄悄藏在树荫里。

树木不再往高处长，也不再往粗里长了。

森林里的雏鸟和幼兽都已经长大了，纷纷离窝，自己觅食、自寻出路去了。

春季里，鸟儿进出都是双双对对的，都守在一个固定的地盘。现在则都是带上自己的孩子，满森林飞着寻找食物。

森林居民你来我往，大家都欢迎别个到自己家里来做客。

就是那些猛禽猛兽，也都不死守在原来自己找食的地盘了。过去的那

套规矩用不着了：因为野味到处都是，走哪儿吃哪儿，要吃多少就吃多少。

貂、黄鼠狼和白鼬窜来窜去，反正窜到哪儿都不费多大劲就能找到吃的东西。这不是，傻乎乎的雏鸟啊，没有生存经验的小兔子啊，粗心大意的小耗子啊，满森林都有。

麻雀麇集成一群群一队队的，在矮树林间到处游荡。

鸟群里，有鸟群里约定俗成的规矩。

规矩是这样的：

我为大家，大家为我。

谁首先发现敌人，就得拉开嗓门尖叫一声，或者响响地吹一声口哨，以及时警告同类，让大家赶快散开、飞逃。要是有一只鸟遭遇袭击，大伙就一齐奋勇相救，冲着敌人大吵大叫，让敌人心惊胆战，晕头转向，放弃袭击。

成百双眼睛、成百双耳朵，在警觉地防御敌人的来袭，成百张尖利的喙，随时准备击退敌人的进攻。那么，加入鸟群的鸟，自然是多多益善。

森林要闻

森林又传来新闻：守林人的一只山羊，居然吃掉了一整片的森林；许多种类的鸟儿们齐心协力赶跑了偷鸟的盗贼；大雨过后，食用菇和毒菇都长出来了……

一头山羊吃了一片树林

这可不是我编出来的笑话，是真的，一头山羊吃了一片树林。

这只山羊是树林看守人买回家的。他把它带回树林里去，拴在一根桩子上。半夜里，山羊把绳子挣断，逃走了。

守林人家四周都是树林。它能跑哪儿去呢？好在，那一夜没有狼来。

守林人找了它三天，没能找到它。

第四天，山羊自己回来了。它咩咩咩地叫着，似乎是在说："你好，我回来了！"

晚上，相邻一个林场的守林人气喘吁吁地跑来了。原来是山羊到他的那片林地上，把树苗全给啃光了，也就是说，把一片树林给吃了！

树木小的时候，都娇嫩，根本保护不了自己。哪头牲口要吃它们，就很容易把它们从土里拔出来，吃掉。

山羊喜欢吃青翠的松树苗。它们样子很好看，像是些小棕榈似的，下面是一根很细的红杆儿，上面是柔软的绿针叶，像一把撑开的绿扇子。山羊一看就胃口大开。那些稍大些的松树，山羊当然不敢去碰，因为大些的松树，树枝会扎疼它的嘴。

本报通讯员 韦里卡

擒盗鸟

通身鲜黄色的柳莺，是一种个头不大的小鸟。它们结成一个庞大的团队，在森林里到处逛荡。它们从这棵树飞到那棵树，从这片丛林飞到那片丛林，每飞到一处，就上上下下蹦跳着，仔仔细细地搜索，看遍了所有的角角落落。哪一棵树背后、树皮上、树缝里，一见青虫、甲虫或蝴蝶飞蛾，就逮来吃掉。

“切奇！切奇！”一只小鸟惊惶地叫起来。所有的小鸟都马上警觉地环视四周，只见下面有一只貂，正要偷偷爬上树来。貂隐在树根间，一会儿露出乌黑的背，一会儿钻进枯木与枯木的缝隙里。它的身子细长细长的，像麻蛇那样扭动着，两只夺命的小眼睛，在阴暗中喷射出火星般的凶光。

“切奇！切奇！”四面八方的鸟都叫起来，整个柳莺团队都霎时离开了那棵树。

幸好是在白天。只要有一只鸟发现了敌人，整个鸟团队都可以撤离，都能逃脱。夜晚，小鸟多在树枝下睡觉。但敌人可没睡！猫头鹰用柔韧的翅膀，上下翻拨着空气，悄没声儿地飞过来，瞅准小鸟睡觉的地方，就伸爪子去抓睡得迷迷糊糊的小鸟。小鸟一见夺命的爪子，立刻吓得惊慌失措，四下里乱窜。可是，有两三只却已经被抓去了，在强盗的钢铁般坚硬的利爪中，没命地挣扎着。

天黑的夜晚，对小鸟来说，是危机四伏的时候！

失去了小鸟的这个鸟群，六神无主地从这棵树飞到另一棵树，从这片树林飞到另一片树林，直到树林深处才稍稍平静下来。这些轻盈的小鸟，穿过丛密的树叶，终于找到了一个最隐蔽的角落，藏了起来。

第二天，一只柳莺在茂密的丛林里看见一个粗大的树桩子，上头有一簇形状怪异的蘑菇。它飞到蘑菇的跟前去，它想看看那里有没有蜗牛。

忽然，蘑菇的灰帽缓缓地往上升起来。两只滚圆的眼睛闪着火星般的光。这时，小柳莺才看清，这圆不溜秋的树桩竟有一张猫脸，脸上钩钩地弯着一张利嘴，样子凶恶极了，可怕极了。

柳莺大吃一惊，连忙闪向一旁，惊愕地尖叫起来："切奇！切奇！"

整个鸟群顿时骚动起来。开始，没一只小鸟管自飞开，相反大家聚拢到一块，团团围住那可怕的树桩子。

"猫头鹰！猫头鹰！猫头鹰！快过来！快过来！"

猫头鹰只敢恼怒地张合着钩子形的尖嘴，发出吧嗒吧嗒的声音，仿佛在说："你们找到我啦！让我睡不成觉啊！"

这时，四面八方的小鸟都听到了警报声，立刻都飞了过来。

它们擒住了强盗！

小不点儿个子的黄头戴菊鸟，从高高的枞树上飞下来。伶俐的山雀从矮树丛中跳出来，勇敢地投入了战斗的队列，它们在猫头鹰眼前飞着转圈，不住地盘旋，讥诮地对着它叫：

"来呀，碰我一下看！来呀，来抓我们哪！大太阳下面，你倒是敢动我们一下啊！你这个夜间强盗！"

猫头鹰只把嘴张合得吧嗒吧嗒直响，圆眼一睁一闭，现在是大白天，它一点办法也没有！鸟儿们还在呼啦啦、呼啦啦不断飞来，柳莺和山雀的尖声喧叫，引来了一群淡蓝色翅膀的松鸡，它们是林中鸦，有名的胆子大，气力也大，足可以制服猫头鹰。

来助阵的鸟，竟聚来这么多，猫头鹰吓坏了，它张开翅膀，溜了。哟，快逃吧，保命要紧！再不抓紧时间逃走，松鸡们要一致行动起来，准能把你给啄死！

松鸡紧跟在猫头鹰后头追。它们赶啊，撵啊，直到把猫头鹰驱逐出森林为止。

今天，柳莺们可以安安生生睡一夜了。这样大闹一场以后，猫头鹰该不敢轻易回来了，林子里也可以平静一段时间了。

草　莓

长在森林边缘上的草莓，一片一片的红了。鸟儿发现了这红彤彤的莓果，就纷纷来叼走了。它们会把草莓的种子撒到很远的地方去。但是，有一部分草莓的后代仍然留在原地，和生它们的母亲成簇成丛地长在一起。

看，在这棵草莓旁边，已经长出了匍匐在地面的细茎。这是草莓的藤蔓。藤蔓的梢端又长出新生的草莓根和草莓芽，生出一簇小叶子。这将又是一棵新草莓。在同一根藤蔓上，有三簇小叶子：第一棵已经扎根了，其余那梢头上的两棵，还没有发育好，要过些日子才扎根。藤蔓从母本植株向四面八方爬去。如果你要找带着群的子女的老植株，就得在这一带野草稀疏的地方找。比方说这一棵吧，你看中间是母本植株，周围扩开去的几圈都是它的孩子，一共有三圈，每圈有五棵。

草莓就像这样一圈又一圈地向四面扩张，步步为营，占领越来越大的地面。

尼·帕甫洛娃（生物学博士）

食用菇

大雨过后，蘑菇又长出来了。

最好的蘑菇是长在松林里的白蘑菇。白蘑菇长得胖，厚而肥实。它们的帽子是深栗色的。它们散发出一种闻起来格外舒爽的香味儿。

在林间路两旁，在低浅的草丛里，长出了一种油蕈（xùn）。这种菇有时长在车辙里。它们嫩的时候很好看，像小绒球。好看是好看，可是黏糊糊的，总有点什么粘在上面，不是枯树叶，就是干细草茎。

松树林里，草地上长出了一种褐红色的蘑菇。这种只生在松林里的红得很显眼的蘑菇，打老远就能望见。在这种地方，这样的蘑菇可真多！大的差不多有小碟子那么大，帽儿给虫子蛀得满是洞眼，颜色发绿。上佳的是不大不小的，比铜钱稍微小一点的那种。这种蘑菇最肥实，帽儿中央凹陷下去，边缘卷起。

枞树林里也有很多蘑菇。枞树下长出来的蘑菇，是白色的和棕红色的。但是它们和松林里的不一样。白蘑菇的帽儿是淡黄色的，柄儿细长。枞树林里的棕红色蘑菇与松林里的棕红色蘑菇不一样，它们帽儿上面不是棕色的，而是绿得发蓝，而且有一圈圈的纹理，很像那树桩上的年轮。

白桦林里长的蘑菇，和白杨林里长的蘑菇不同。它们的名字就不同，白桦林里长的叫白桦菇，白杨林里的叫白杨菇。白桦菇在离白桦树很远的地方也生长；而白杨菇则紧紧地跟随白杨树，它们只能生长在白杨树的根部。白杨菇是一种很好看的蘑菇，又周正，又精致，干爽，清秀。

尼·帕甫洛娃（生物学博士）

毒 菇

雨后，毒菇也长出来了，还不少。食用菇主要是白色的。不过，毒菇也有白色的。你着实得留神鉴别哩！毒菇中的白菇，是毒菇中最毒的一种。吃下一块毒白菇，所中的毒比让毒蛇咬一口还要可怕。它可以置人于死命。有谁误食了这种毒菇，中了它的毒，很少有完全恢复健康的。

幸亏毒白菇不难辨认。它有个和一般食用菇不同的特点，是它的柄的模样好像是插在细颈大花瓶里似的。据说，毒白菇很容易被与香菇混淆，因为这两种菇都是白色的。不过，香菇的柄是普通样子的，谁也不会说它好像是插在细颈花瓶里似的。

毒白菇最像毒蝇菇。有的人甚至把它叫作白毒蝇菇。如果用铅笔把它画下来，会叫人认不出这是毒白菇，那是毒蝇菇。毒白菇与毒蝇菇一样，菇帽儿上有白色的碎片，菇柄上像围着一条围脖似的。

还有两种危险的毒菇，很容易把它们当成是白菇。这两种毒菇，一种叫胆菇，一种叫鬼菇。它们和白菇不同的地方是，它们的菇帽儿背后不像白菇那样，是白色的或浅黄色的，而是粉红色的或红色的，如果把白菇的菇帽儿揉碎，它还是白的。如果把胆菇和鬼菇的菇帽儿揉碎，它们起初颜色变红，继而又变黑。

尼·帕甫洛娃（生物学博士）

白野鸭

一群野鸭在湖中央落下。我从岸上观察它们。

那是一群生着夏季羽毛的纯灰色雄野鸭和雌野鸭。我惊讶地看到野鸭群里有一只浅颜色野鸭，很是显眼。它寸步不离地待在野鸭群中。

我拿望远镜仔细研究了一番。它通身都是淡奶油色。当清晨明亮的太阳从乌云后面探出头来，这时它突然变得雪白，白得很扎眼，在那一群深灰色的同类中，它很容易被辨别出来。

我接触野鸭 50 年，还是头一回看见这种患色素缺乏症的野鸭。鸟兽患这种病，是它们血液里缺乏色素。它们一生下来，就是浑身雪白，或者颜色很浅淡，一辈子都这样。自然界里，动物的保护色是有自救意义的。它们却没有保护色。鸟兽要有保护色，才可以在它们居住的地方不凸显自己，所以，保护色很有利于鸟兽的生存！

这只野鸭能长时间不死于猛禽的利爪，实在是个奇迹了。据我的观

察，它是受到几只灰野鸭的保护——任何时候，它的身边总有几只普通的野鸭陪伴它，一有猛禽来袭，它就在同伴们的保护下逃开了。

林国里的搏战

（续前）

我们的通讯员在第四块采伐迹地采访到了这样的信息。

这里的树木大约是30年前砍光的。

弱小的白桦树和白杨树都死在比自己高大许多的同类树下面了。现在，这片丛林下面，只有一些枞树还活着。

枞树悄没声儿地在白桦和白杨的树荫里发育时，高大的白桦正在高处一边大吃大喝，一边争吵、相殴不休。于是老故事又重复了：哪一棵长得比旁边的几棵高大些，它就成了胜利者。胜利者冷酷无情地欺压身边孱弱的树。

被大白桦和大白杨打败的小白桦和小白杨，先后倒了下去。于是，就在树叶顶篷上出现一个空洞，阳光随即如暴雨一般倾泻而下，冲入地窖，径直落在小枞树的头上。

小枞树被阳光一吓，竟吓得眼睛都迷糊了。

小枞树对强光的适应，需要一个时间。

小枞树们总算慢慢地适应了，把身上的针叶也换掉了。接着，它们就迅速往上蹿，在白桦和白杨还来不及补好顶篷空洞的时候，就突了上去。

这些突上去的枞树，最先长得跟白桦和白杨一样高。其他强壮、多刺的枞树，也跟在它们后头，把长矛般的尖尖树梢，伸上了这片树林的最上层。

这时候，白桦和白杨才恍然大悟，原来枞树在自己麻痹的时候，正做着冲出来的种种准备工作呢。

我们的通讯员看到了这场仇敌之间争斗的你死我活，真是可怕啊！

暴烈的秋风突然刮过来。于是阔叶树扑到枞树身上，用它们长长的树臂拼命地捶打对手。

连平时只会窃窃私语的胆小白杨，也在强风中舞动枝丫，想去扭住墨绿色的枞树，折断它们的树枝。

只不过白杨的树臂并不坚韧，没有弹性，奈何不了枞树的树枝。

白桦就不同了。白桦的身体强壮极了，力气大，又柔韧，富于弹性，它们弹簧般的手臂，可以大幅度地摆动。

白桦和枞树展开肉搏战。白桦用柔韧的树枝鞭打枞树的树枝，抽断了枞树成簇成簇的针叶。

只要白桦扭住了枞树的针叶树枝，枞树的树枝就干枯了；只要白桦撞碎枞树树干上的皮，那棵枞树也就性命难保了。

白桦、白杨和枞树是三种各有长处、各有弱点的树。这森林国度里的搏战，将是一个什么结果，我们的通讯员还没有看到。他们得在那里住上很多年，才能看到最后的结局。

因此，他们就动身去找森林国度里战争已经结束的地方。他们在哪里找到了这样的地方，我们将在下一期的《森林报》上报道。

乡村消息

乡村里，有人看见一只行为怪异的猫头鹰。农人们在森林空地上铺亚麻引得林中鸟兽们虚惊一场。为了不让地里的杂草妨碍马铃薯生长，农人们采取了巧妙的应对战略。

猫头鹰为什么不飞走

8 月 26 日，我赶大车去运干草。跑着，跑着，忽然看到一堆枯树枝柴堆上蹲着一只好大的猫头鹰，两只眼睛一动不动地盯着柴堆。我把车停住，琢磨起这奇怪的猫头鹰，它离我这么近，却不飞开，是什么原因呢？我下了车，向前走了几步，捡起一根树枝，朝猫头鹰扔过去。猫头鹰飞走了。它才一飞走，就从柴底下飞出几十只小鸟来。噢，原来是这么回事。这些小鸟都是为了躲过猫头鹰刚劲的利爪，而藏在柴堆底下的。

本报通讯员 波里索夫

一场虚惊

森林边来了许多人，往地上铺干燥的植物杆，弄得林中的鸟兽惊慌失措！噢，这怕是什么新式的捕鸟器和捕兽器吧！林中居民都活不成了！

其实，这些鸟兽是白白虚惊一场了：这是农人们在地上铺亚麻，铺成薄薄的一层，一行一行，非常整齐，亚麻得让雨水和露水反复浸润，它的纤维才能顺利地抽取，所以，这亚麻往地上铺，是剥理亚麻丝的一道工序，不是捕鸟器，也不是捕兽器。

尼·帕甫洛娃（生物学博士）

战　略

麦秆留在地里，像地上支起的一片刚毛，在这片收获过的地里，杂草埋伏起来了。杂草的种子落在地上，长长的杂草根茎藏在地下。它们等待春天的到来。春天，人把地翻耕以后，种上马铃薯，杂草就会活跃起来，它们放肆地发育，妨碍马铃薯的发育。

农人们决定让杂草上一回当。他们把粗耕机开到地里去，把杂草的根茎切成一段一段的。

杂草认定这是春天来了。这不是，天气这样暖和，土地这样松软。于是它们就发起芽来——种子发芽了，根茎叶发芽了，地里又变得一片绿茵茵的。

农人们笑了：杂草，上我们的当了！等杂草长高了，待到秋末，我们把地再翻耕一遍，把杂草都深深压到地底下去，这样冬天一来，你们就会全被冻死在地下。杂草！你们欺负不了我们的马铃薯！

尼·帕甫洛娃（生物学博士）

蜜蜂哪儿去了

一群蜻蜓飞到养蜂场来捉蜜蜂吃，却左右抓不到蜜蜂。这就奇怪了，怎么养蜂场里没有蜜蜂呢？原来7月中旬以后，蜜蜂就陆续搬到林中去住了，那里的石楠花丛，正是它们需要的。

它们将在那里酿制浓稠而金黄的石楠花蜜。石楠花谢了，它们才又搬回来。

尼·帕甫洛娃（生物学博士）

林野专稿

猎人带着他心爱的猎狗亚里克在林中抓鸟，机灵的亚里克很快发现了乌鸡的踪迹。但是，敏捷的母乌鸡却将亚里克戏弄了一番，让自己的乌鸡宝宝逃过一劫……

亚里克

森林里，一片采伐过林木的地面上，黑不溜秋的树桩周围，长满了高高的枞树叶似的红花，映得整片采伐迹地都仿佛也红了。尽管这儿更多的是“依凡和玛丽娅”——一种半蓝半黄的蝴蝶花，却也间或长着些白色母菊、猪鼻花、白色风铃草、淡紫色的杜鹃杉，真是要什么花就有什么花，争奇斗艳！然而，似乎就是那红成一片的枞树，让这林中采伐迹地整个都红了。黑不溜秋的树桩四周还可以找到熟透了的草莓，吃起来甜极了。这里，夏天下点儿小雨不碍什么事，我坐在一棵枞树下面等雨过了。只是蚊子也都飞到这枞树下干燥的地方来躲雨，无论我怎么用烟斗的烟雾熏赶，蚊子还是把我的猎狗亚里克叮得受不了。我只好用枞树的球果生起火堆，冒起的团团浓烟总算很快把蚊子赶到了雨中。我们正忙着对付蚊子呢，雨已经停了。夏天的小雨就是这样，只给人舒爽。

我们还是在枞树下大约又坐了半个钟头，直等到鸟儿出来找东西吃，在露湿的地上留下新的足迹。估摸鸟儿都该出来了，我们就走到采伐迹地上。“找去吧，朋友！”说着，我放出我的亚里克。

我常常带着羡慕的眼光望着我那亚里克的鼻子。我想：“要是我也有它这样的一副器官，我就可以在繁花盛开的红色采伐迹地上迎着馨香袭人的微风奔去，尽情地陶醉。”

“喂，去找去吧，朋友！”我再次对我的狗说。

它在红艳艳的采伐迹地上绕着走。

过不多一会儿，亚里克在林边收住了脚步，把一处地方结结实实地嗅闻了一遍，用非常认真的目光向我瞟了一眼，让我过去：我和我的亚里克是无须言语就可以达成默契的。它带着我走得很慢，它自己像狐狸似的蹑着脚。

我们来到茂密的矮树林跟前，那里头只有亚里克能钻得进去，但是我没有让它独个儿去钻密林，因为它单个行动就会被鸟吸引了去，冲向淋湿了羽毛的鸟，这样我苦心的教导就都白费了。我正要叫开它，免得它去追浑身淋得透湿的鸟，它却突然摇了一下像翅膀般蓬松的漂亮尾巴，望了望我，我懂它的意思，它是说：“鸟儿们在这里过夜，用林中空地上的红花充饥。”

“那又怎么呢?”我问。

亚里克闻了闻花：上头没有鸟的气息。显然，雨把一切气味都洗尽了，我们来时所循的那些踪迹，是因为这些踪迹留在了树木下面。

亚里克只好在采伐迹地上绕一圈，寻找雨后鸟儿经过这里的踪迹。可亚里克还绕不到半圈，就在一片矮树密林旁边停下来。它不断嗅到乌鸡留下的气味。亚里克的姿态非常奇怪，整个身子弓起来，弓得似一个圆圈，要是它想，它可以尽情欣赏自己漂亮的尾巴。我赶忙跑过去，摸了摸它毛茸茸的背，轻声说：

“要是你钻得进去，就钻吧！”

亚里克伸直身子，试着向前走了一步。走倒是能走，不过得非常小心，非常轻。它把整个矮树林都绕了一圈，告诉我：

“乌鸡们下雨那会儿是躲在这儿的。”

它在湿漉漉的地上一步一步寻觅乌鸡留下的最新脚迹。原来灰蒙蒙的草地上，这会儿已经明显返绿了。它就顺着湿漉漉的鸟迹走，尾巴的长毛碰到了地面。

准是乌鸡们听到了我们的响动，也向前走了，这一点是我从亚里克的神态中看出来的，它接着用自己的语言对我说：

“乌鸡在我们前头走哩，很近很近。”

乌鸡们统统走进了一大丛刺柏中。亚里克这时做出最后一个蹲伏的姿势，僵住不动。在这以前，他偶尔张开嘴，拖出粉红色的长舌喘气，而这会儿却紧闭双唇，只有一小截红舌还来不及缩进去，挂在嘴外，仿如一片红花的花瓣。一只蚊子落在粉红色的舌尖上，叮着，吸着血。我分明看出亚里克那深褐色的像是漆布做成的鼻尖疼得难受，又因为嗅到野味的气味而使那鼻尖一张一合地不停翕动，而要是此时它张开嘴喘上哪怕一口气，就会把鸟儿吓跑了。

我不像亚里克那样激动，只是轻手轻脚地走过去，用手轻巧地一弹，赶走了蚊子，从侧面欣赏起亚里克来，见它翅膀般的尾巴伸得笔直，同自己的背脊成一条线，稳稳如一座雕像，立在那里纹丝不动，一双眼睛里两个亮点，凝聚着它全部的生命力。

我悄没声儿地绕到刺柏丛的另一边，在亚里克的对面站住，这样可以不让鸟儿不着踪影地飞走，要它们往上飞。我们这样站了好久。矮树丛中的鸟儿当然也清楚，我们此刻是守在两头。我朝矮树林走一步，听见了母乌鸡的啼鸣声，它咕地叫了一声，它是用这叫声来告诉它的孩子们：

“我先飞出去探探情况，你们等着别动。”

接着，咔嚓一声响，一只乌鸡飞了出来。如果乌鸡是向我飞来，亚里克就不会动，如果乌鸡是朝亚里克的头上飞去，亚里克也不会忘记，主要猎物还在矮树林里，这时去追一只飞起的鸟，那是一条猎狗不可饶恕的过错。但是那只母鸡般大的大灰鸟突然在空中翻了个跟斗，几乎从亚里克的鼻尖上飞过，贴近地面轻巧地滑翔，一边飞一边叫，逗猎狗去追它：

“来追我吧，我不会飞了！”

大灰鸟就像被打伤了似的，落在十步远的草地上，两只细脚卜笃卜笃地跑起来，微微拍动翅膀，扇得高处的红花轻轻摇颤。

亚里克的情绪怎么受得了这撩拨，它耐不住了，忘了我多年对他的教导，冲了过去……

母乌鸡的计策得逞了。这下好了，它终于把猎狗引开矮树丛了。接着，它马上对藏身在矮树丛中的孩子们说：

“逃吧，飞吧，各飞各的方向。”它自己冷不丁向森林上空飞冲而去，一下不见了。

小乌鸡们向四面八方飞去，上了当的亚里克这时隐约听见传来一个声音：

“傻瓜！傻瓜！”

“回来！”我对自己被愚弄的朋友大喊一声。

亚里克这才回过神来。它知道自己上了母乌鸡的当，受了奚落，很不好意思地慢慢向我走来。

我用带着点儿同情，却又跟平常不同的声调问它：

“你这干的叫什么呀？”

它蹲伏下来。

“唉，过来吧，过来！”

它怪难为情地爬过来，把头搁在我的膝盖上，恳切地请求我原谅它。

“得了，”我说着，坐进了矮树丛里，“你爬到我后面好好蹲着，别哈哈喘大气，咱们现在来捉弄一下这帮小东西。”

过了约十分钟，我学小乌鸡的叫法，叫了两声：

“咻，咻！”

这意思是：

“妈妈，你在哪里？”

“咕，咕！”母乌鸡回答，这意思是，“我来了！”

顿时，四面八方都传来如我一样的叫声：

“妈妈，你在哪里？”

“我来了！”母乌鸡回答自己的孩子们。

有一只小乌鸡在离我很近很近的地方叫着，我回答了它，它就跑起来，于是我看见我膝盖近旁的草丛此时微微晃动起来。

我盯了亚里克一眼，使了个眼色，还用拳头唬了它一下，接着呼啦一下伸出手掌，向那微微晃动的地方按了下去，一把抓出了一只鸽子大小的灰色小乌鸡。

“嘿，你闻闻。”我小声儿对亚里克说。

它把鼻子扭向一边：它是怕自己一下忍不住，一口把小乌鸡咬了。

普里什文

一二678，哪个你能答

1. 蜘蛛埋伏在一边，却知道小虫子落到它网上了，这是怎么回事？
2. 小鸟白天看见猫头鹰，会采取什么行动？
3. 什么时候小蜘蛛会飞行？
4. 家燕和雨燕晴天飞得高，天气潮湿的时候就挨近地面飞，这是为什么？
5. 为什么家鸡在下雨以前用嘴梳理羽毛？
6. 怎样根据蚂蚁窝的情况来判断天要下雨了？
7. 蜻蜓是靠吃露水过日子的，是吗？
8. 夏天最好在什么地方观察鸟脚印？

森林报

秋（第一号）

候鸟离乡月（9月21日到10月20日）

太阳进入天秤宫

西风脱去森林夏装 鸟儿飞往他乡

9月。

乌云蔽空，森林一天比一天阴郁了。风开始频繁地呜呜啸叫。秋季的第一个月，一步步向我们走近。

春天有春天的工作，秋天也有秋天的工作。不过秋天的工作跟春天的工作恰恰相反。秋天的工作从空中开始。树冠顶端的颜色逐渐发生变化，起先是变黄，接着是变红，再接着是变成褐色，而后成为深褐色。它们不能从阴郁的太阳那里得到充足的光照，就日甚一日地枯萎了，很快丧失了葱绿的色彩。叶柄长在树枝的那个地方，出现一个衰老的圆环。树枝在无风的平静日子里，树叶也会一片接一片地飘落。黄色的白桦树叶忽然从这儿落下，红色的白杨树叶从那儿落下，在空中轻盈地摇晃着、飘荡着，随后无声地顺着地面滑动，最后落定。

清早醒来的时候，你头一次看到青草上有白霜，于是，你在日志上写道："秋天开始了。"这落秋霜的夜间，秋天就算真的开始了。头一次下霜，都是在黎明前。

从枝头飘落的枯叶越来越多了，直到最后，刮起了西风，那是专摘树叶的风——把森林华丽的夏装吹卷了去。

空中不见了雨燕的身影。家燕和在我们这一带度夏的其他候鸟，都飞聚拢来，集合成群，夜间悄无声息地陆续出发，飞上了遥远的旅程。空中穿梭的飞鸟一天少似一天，就显得天空一天比一天空旷了。

水越来越凉，人愈来愈不想到河里去洗澡了……

然而不经意间，突然，似乎专为纪念那火热的夏季似的，天气又回暖了。一连几天干爽无风，艳阳朗照。一根根长长的细柔的蛛丝在宁静的空中飘飞，频频闪晃银光……田野间，清新的绿意，欢快地闪着鲜丽的光泽。

“夏天还舍不得走哩！”村里人边笑吟吟地说着，边欣慰地观望着显出蓬勃生机的秋播作物。

森林居民忙着做漫长冬季来临前的准备。寄托着森林希望的生命，都妥妥帖帖地藏好了地方，它们知道，现在一切对新生命的关怀都中止了——这种对生命的关怀，要到明年春天才会再有。

只有兔妈妈怎么也安不下心来。它们还不愿意接受夏天过去了，所以又生下秋兔来！这秋兔也叫“落叶兔”。

这时长出来的食用菇，柄儿很长。

夏季过去了。

候鸟离开它们出生地的日子不远了。

又像春天一样，森林里给我们编辑部拍来了一封封的电报：时时有新闻，天天有大事。又像候鸟回乡时那样，鸟儿开始大搬家——所不同的是，这一回是从北边往南边搬。

秋天就这样开始了。

森林要闻

秋天已经悄悄地来临，森林里的居民们开始准备过冬了。椋鸟夫妇和自己的小房子告别后便启程了，秋高气爽的早晨让人心旷神怡，沼泽地上长出了最后一批浆果。

恋家小鸟

白桦树上的叶子已经稀疏了。光秃秃的树干上，椋鸟窝在风中孤零零地晃来晃去——这些小房子现在被主人们丢弃了。

这是怎么回事啊，忽然飞来两只椋鸟。雌椋鸟钻进窝里，不知道在里头忙碌些什么；而雄椋鸟落在枝头上，愣了一阵，四面瞅瞅……随后唱起歌来！歌声很细小，仿佛是唱给自己听的。

雄椋鸟唱完了，雌椋鸟飞出窝来，慌慌张张地向鸟群飞去。雄椋鸟跟在雌椋鸟后面，也向鸟群飞了过去。

时候到了，它们出发的时候到了，不是今天，就是明天，它们就要启程了。

今年夏天，它们在这幢小房子里孵出了小鸟，养育出了它们自己的孩子。它们现在是来跟这小房子告别的，往往是这样：真要离开的时候，又不免留恋起来。

它们是不会忘记这小房子的。明年春天，它们还要回到这里来住。

摘自少年自然科学家的日记：

秋高气爽的早晨

9月15日。

天气还在显示着夏天的余威。我和平常一样，一大早就到园子里去。

我走到外面一看，晴朗的天空一碧万里。空气微微透着一丝凉意，高树、矮树和青草间挂满了银亮亮的蛛网。富有弹性的蛛丝，密密麻麻地点缀着细小的露珠。每个蛛网中央，都守着个蜘蛛。

一只小蜘蛛在两棵小枞树的树枝间张了一个银色的网。这网被秋露衬托着，俨然是一片玻璃，一碰就会稀里哗啦地碎掉。蜘蛛缩成很小一个球球，僵然不动。苍蝇还没飞来，所以，它正好打个盹，以逸待劳。不过也难说，它已经冻死了吧？

我拿小手指小心地碰了一下小蜘蛛。

没想到，小蜘蛛像一粒没有生命的小石子儿似的掉落下来了。我看见它一落到草丛里，立刻就跳起来，飞逃开去，躲藏起来。

装死还装得真像哩！

令我感兴趣的是：这小蜘蛛还会不会回到这网上来？它还能找到这张网吗？或是要另织一张新的网呢？试想，新织一张网得费多大劲儿呀——得来来回回、前前后后地奔忙多少次；需打多少结子，绕多少圈子；要费多少神，劳多少心，出多少力啊！

一颗颗小露珠在小草的梢头上抖动着，好像长长的睫毛上的一颗颗泪珠。露珠里闪着一粒小星火，透映出喜悦的光彩。

路旁最后几朵小野菊花，耷拉着它们的花瓣裙，等待着太阳来把它们晒暖。

像玻璃般脆亮的空气带着些轻寒，显得异常纯净。缤纷斑斓的树叶也好，被露水和蛛网染成银色的青草也好，或是夏天从来没有过的那种纯蓝的小河也好，一切都是这样的华美、绚烂和喜气洋洋。

在森林附近一个看不见的地方，一只黑琴鸡在用压低的喉音嘟哝着。

我向传来叫声的地方走去，想从矮树林后偷偷靠近琴鸡，看看当它在秋天里回忆起春天那些游戏的时光时，是怎么样连声“秋弗，秋弗”地叫唤。

可我刚走到矮树林前，那黑色的琴鸡就扑拉一声响，几乎是从我脚下飞了起来，声音响得使我不由得打了个冷战。

原来它就在我旁边，我还以为它离我很远哩！

正在这时候，从远处传来了一阵吹喇叭似的鹤唳声——一群鹤从森林上空飞了过去。

它们离开我们了……

本报通讯员 韦里卡

最后一批浆果

沼泽地上，蔓越橘成熟了。它们生长在泥炭的草墩上，浆果就贴青苔躺着。浆果隔得老远就能看见，可它们是生长在什么东西上的呢，看不清。只有把眼睛凑到跟前去，才能看见在青苔柔软的垫子上，蔓延着一些和绒一样细的茎。茎的两侧生着一些挺挺的闪着绿光的小叶子。

原来，这是一整蓬的蔓越橘。

尼·帕甫洛娃（生物学博士）

祝你们一路平安

每一天，每一晚，都有一批羽翼旅行家振翅上路。它们不慌不忙地飞着，不发出一点声音，飞飞又停停，停停又飞飞，这样子跟春天飞来那会儿可很不一样啊。

一望而知，它们是很不愿意离开自己的出生地呢。

飞走的次序，同飞来时

恰好相反：彩羽鲜艳夺目的鸟先起飞，春天最先飞来的燕雀、云雀、鸥鸟最后飞走。有许多鸟则是年轻的先飞。燕雀是雌的比雄的先飞，那些健壮有力的、更能吃苦耐劳的鸟，在故乡耽搁得会久些。

大多数鸟是直接向南方飞——飞往法国、意大利、西班牙，飞往地中海、非洲。

有些鸟是向东方飞，经过乌拉尔，经过西伯利亚，飞往印度去。

有的甚至飞到美国去。几千公里的路程，在它们的脚下一闪而过。

它们等待着帮手

高大的树木和矮小的树木，都在这时忙着安顿自己的后代。

从槭树的树枝上挂下来一双双的翅果。翅果已经裂开，在那里等待秋风来把它们吹落、传播开去。

草叶在等待秋风：在形似飞帘的长茎上，从干燥的头状花里，露出了一串串华丽的、蚕丝般的灰色茸毛。香蒲的茎长得比沼泽地带的草还要高，它的梢头穿上了褐色的小皮袄，山柳菊毛茸茸的小球已经做好准备，期待晴朗的日子里被风带向四面八方。

还有许多草，小果实上生满绒毛，有的长，有的短，有普通的，也有羽状的。

收过庄稼的地里和路旁、沟旁的植物，它们等待的不是风，而是四条腿的动物和两条腿的人。这些植物当中，有牛蒡（bàng），它那带刺的干燥花盘里，盛满了有棱角的种子；有金盏花，它的黑果实是三角形的，最爱挂钩在行人的袜子上；有带钩刺的猪殃殃，它的小圆果实，喜欢死死钩住人的衣衫，只有用一小块毛绒来揩，才能把它擦掉。

尼·帕甫洛娃（生物学博士）

秋　菇

森林里现在是一片凄凉景象了。你看，树叶全落光了，落叶在潮湿的地上散发出一股股朽烂的气息。看着唯一能让人提起兴致的，是成片成片的秋菇兴致勃勃地冒出来了——这是栗茸。它们有的一堆堆丛集在树墩上，有的爬上了树干，有的散布在地上，似乎离开大伙儿独自在一边徘徊。

这大朵大朵的栗茸，看上去让人高兴，采起来也叫人痛快。几分钟，就可以采得一小篮，而且是光采菇帽，净挑肥厚的采呢。

小栗茸的样子非常好看。它们的帽子还绷得紧紧的，好像孩子头上的无檐小帽，下面围着一条白生生的小围巾。过几天，帽子会翘起来，变成一顶实实在在的帽子，围巾变成一条领子。

整个帽子上，都是烟丝般的小鳞片。它是什么颜色的？很难确切地说出来，反正是一种叫人看了很舒服的、宁静的淡褐色。小栗茸的菇帽下的菇褶，是白的，老栗茸的菇褶是嫩黄色的。

你注意过吗，老菇帽盖到小菇帽上去的时候，小菇帽上就好像敷上了一层粉。你心想："莫非是小栗茸都长霉了？"

可是，随后你会想起："这是孢子呀！"是的，这粉状的东西是老菇帽撒下来的孢子。

如果你想吃栗茸，你就一定得熟知它们的一切特征。市场上，把毒蕈错认作栗茸是常有的事。有些毒蕈很像栗茸，也生长在树墩上。不过，这些毒蕈的蕈帽是没有领子的，蕈帽上也没有鳞片，蕈帽的颜色格外鲜艳，有黄的，有粉红的，帽褶或者是黄的，或者是淡绿色的。至于孢子，是黑不溜秋的。

尼·帕甫洛娃（生物学博士）

城市新闻

越冬飞行线上的候鸟的鸣叫让家禽们感受到了野性的呼唤；广场上原本自在的鸽子们却突然遭受了一只大隼的野蛮袭击；随着天气越来越冷，小动物们纷纷把自己藏了起来。

野性的呼唤

在秋天到来的这些日子里，差不多每夜都可以在城郊听到骚扰声。

听见阵阵闹哄哄的响声，人们就从床上跳起来，把头伸向窗外，看发生了什么事，出了什么乱子。

下面院子里，家禽都在扑腾翅膀，鹅咯咯地叫唤，鸭嘎嘎地吵着。是黄鼠狼来袭击它们了吗？不然，就是一只狐狸钻进院子里来了？

然而，在石头垒砌的围墙里面，在房子的铁门里面，哪里会有狐狸和黄鼠狼呢？

主人在院子里巡查了一遍，又检查了一下家禽圈栏。看不出任何异常呀。什么也没有呀。这上着坚固的锁和门闩的门里，谁也不能偷偷钻进来的呀。唯一的可能，是一只家禽做噩梦，然后所有家禽都跟着嚷嚷。这不，现在不是静悄悄的，又什么事儿也没有了嘛！人们又钻进被窝里，安生睡觉了。

但是，过了个把钟头，又咯咯、嘎嘎地闹腾起来了。又是惊惶，又是骚扰。怎么回事儿呀？院子里又出什么乱子了？

当你打开窗户，躲在一旁倾听，只见黯幽幽的天空上，闪烁着星光。四下静悄悄的。

可是，过不一会儿，像是有一条影影绰绰的什么东西，从空中瞬间掠过去，那影子秩序井然，一条又一条，把个天上的金色星星都遮蔽了。传来一阵低沉的、若断若续的轻啸声。在苍茫的夜色中，在高高的天空上，响起一种模糊不清的声音。

家鹅和家鸭一下子都醒来了。这些家禽好像已经忘记了在天空自由翱翔的滋味，可这会儿却又忽然莫名其妙地打内心里冲动，高高扬起翅膀，不住地扑腾。它们踮起脚掌，伸长脖子，叫呀，嚷呀，在叫嚷声里，明显能听出它们的苦闷和悲哀。

它们那些自由的野姐妹们，在黑魆魆的高空，用召唤的声音回答它们。一群又一群羽翼旅行家，正从石头房子和铁房子上飞过。野鸭的翅膀发出扑扑的声音。大雁和雪雁用沉哑的喉音叫着，彼此呼应着。

“咯！咯！咯！哎，跟我们一起上道吧！走吧！离开饥饿！走吧！跟我们一起走吧！”

候鸟响亮的咯咯嘎嘎声，终于消失在远处了，而那些早已忘记怎样翱翔的家鹅和家鸭们，却还在石头围砌的院子的阴暗处吵吵嚷嚷，闹腾着，骚动着。

野蛮的袭击

在伊萨基耶夫斯基广场上，青天白日里，当着行人的面发生了一场野蛮的袭击。

鸽子从广场上飞起来。这时，从伊萨基耶夫斯基大寺院的圆屋顶上，突然飞下来一只大隼，向最边上的那只鸽子猛扑过去。只见一大片绒毛散乱地飞舞。

行人看见那群受惊的鸽子都慌忙躲进屋檐下去了，而大隼拿脚爪抓住已经被啄死的鸽子，吃力地飞回大教堂的圆屋顶上去。

我们的城市上空，经常有大隼出没。这些羽翅强盗，喜欢在教堂的圆顶和钟楼上，居高临下地筑建它们的强盗窝——从这里俯瞰下方，视野开阔，侦察猎物比较方便。

到树林里去采蘑菇

9月里的一天，我和几个伙伴儿一同到森林里去采蘑菇。

我在那儿吓跑了四只榛鸡。它们全灰扑扑的，脖颈都很短。

后来，我看见了一条死蛇。它挂在树墩上，已经干了。树墩上有个小洞，洞里有什么东西在咝咝地叫。我想，这洞里一定有蛇，就慌忙逃开那个可怕的地方。

随后，我向沼泽地走去，在那里，我看见了一群从没见过的鸟：七只鹤，像七只绵羊似的，从沼泽地上飞起来。以前，我只在图画书上见过鹤，现在我亲眼见了，感到很稀罕。

伙伴们每个人都采了满满一篮蘑菇，就我一个老是在树林里瞎跑。到处都有鸟嘟一下飞过来，嘟一下飞过去，到处都有鸟在叽叽喳喳地鸣叫。

我们回家的时候，一只灰兔从路上穿过去，它的脖子是白的，它的后脚也是白的。我在那棵有蛇窝的树墩旁绕过去。我们还看见许多大雁，它们飞过我们的村庄的时候，大声地嘎嘎叫唤着。

森林通讯员 别佐梅内依

喜　鹊

春天那会儿，几个乡村的淘气孩子捣毁了一个喜鹊窝。我从他们手上买来一只小喜鹊。只过了一天一夜，我就把它驯养了。第二天，它已经会到我手掌心吃东西、喝水了。我们给这只喜鹊取了个名，叫“魔法师”。它听惯了我们对它这样叫，它就答应。

喜鹊的翅膀长硬了以后，就总喜欢飞到门上去，站在门框上面。门对面的厨房里，有一张桌子。桌子里有个抽屉。抽屉里总放着一些食物。有时候，我们刚拉开抽屉，喜鹊就从门上飞下来，钻进里面去，急急地抢着啄里面的东西。我们把它拖出来，它还吵吵着，老大不愿意呢！

我去打水的时候，喊一声：“魔法师，跟我来！”它就落在我肩膀上，跟我走了。

我们吃早餐的时候，喜鹊总是头一个忙碌起来：又是抓糖，又是抓甜面包，有时候还把爪子伸进滚烫的牛奶里去。

最可笑的是，我到菜园里为胡萝卜地除草时，“魔法师”蹲在田垄上看我干活。看着看着，就也拔起垄上的草，学我的样子，把一根根草拔起来，放到一堆去。它在帮我干活儿呢！

但它弄不清应该拔什么，于是，杂草和胡萝卜一起拔出来了——给我帮倒忙哩！

森林通讯员 薇拉·弥赫叶娃

山 鼠

我们挑选马铃薯种的时候，忽然，在我们的牲畜圈里，有一个什么东西，在沙沙地蠕动。

后来跑来一只狗，在发出声音的地方蹲下，直伸鼻子闻。可那小兽只在底下钻动，就不出来。狗开始用爪子刨，边刨边汪汪叫，因为地下的小兽正朝它窸窸窣窣地钻。狗挖出了个小坑，这时，能稍稍看到一点小兽的头了。狗于是挖得更下力。它挖出了个大坑，把小兽拖了出来。小兽扭头使劲咬它。狗把小兽扔起来，甩到了身后，随后大声吠叫起来。小兽有小猫那么大，毛色灰蓝，略略带点黄、黑和白。我们通常把它叫作“卡尔梅什”，就是山鼠。

森林通讯员 玛丽娅·巴拉徐娃

把自己藏起来

天一日日地变冷了，冷了！

美丽的夏季过去了……

血液都差不多要冻住了，动作也变得不那么灵活了，还老犯困呢。

尾巴长长的蝾螈在池塘里住了一夏，一次也没浮上水面来。而现在，

它却爬上岸来，慢慢爬到树林里去了。在那里，它找到一个腐烂的树墩，就穿过树皮，钻到下面，蜷缩成一团，准备在里头过冬。

青蛙则相反：它们从岸上跳进池塘，沉到池塘底下，钻到淤泥深处。蛇和蜥蜴躲到树根底下，把身子埋在暖和的青苔里。鱼成群成群地挤到河床上，在那里找个深坑潜进去。

蝴蝶、苍蝇、蚊子、甲虫什么的，都钻到树皮和墙壁的裂口和缝隙间藏起来了。蚂蚁堵上所有进出的门户，包括高层的全部出入口。它们爬到住宅的最深处，在那里紧紧挤在一起，挨成一团，就这样僵在那里，一动不动，开始了它们的冬眠。

饥饿难耐的时候到了。饿得不好受啊！

热血动物——禽鸟和野兽，它们倒不太怕冷。只要有东西吃进肚子里去，体内就会像生起炉子一样。可是，随着冬天的来临，能吃到的东西越来越少——饥饿，伴随寒冷到来了。

蝙蝠是靠吃蝴蝶、苍蝇和蚊子这些东西过活的，然而随着冬天的到来，蝙蝠吃不到它们了。于是，蝙蝠也只好躲起来，躲进了树洞、石穴岩缝和阁楼的屋顶下，用后脚抓住一样东西，把自己倒挂在那里。它们拿翅膀裹住自己的身体，就仿如严严实实裹在了一件斗篷里，就这样头冲下，睡了。

青蛙、癞蛤蟆、蜥蜴、蛇、蜗牛都躲起来了。刺猬躲在树根下的草窝里。

獾也缩在洞里，不出来了。

追踪报道之候鸟纷纷飞往越冬地：

从高空看秋

从天上俯瞰我们这广袤的国土，往往是人们的一种心愿。

秋天，乘气球升到空中，升到比高高矗立的森林还要高，比浮动的白云还要高——离地面大约 30 公里吧——的地方。就是升到那么高，也看不见我们国土的疆界。但是，只要天气晴朗，没有云彩遮蔽大地，视野就会非常开阔。

从那么高的地方往下看，会觉得我们的大地整个儿在移动：有什么东西在森林、草原、山峦和海洋的上面移动……

这是鸟。这是鸟群，无数的鸟群。

我们这里的鸟正离开故乡，一批又一批地动身，往越冬地飞去。

当然，也有些鸟留下来，像麻雀、鸽子、寒鸦、灰雀、黄雀、山雀、啄木鸟以及其他一些小鸟，它们都不飞走。还有大个儿的鹰和猫头鹰。但就是鹰和猫头鹰这样的猛禽，冬天在我们这里也没有多少事可干，因为它们要捕食的鸟儿，大多已经离开我们这里了。候鸟从夏季末尾就开始起身，最先飞走的是春天最后飞来的那一批。候鸟陆陆续续地飞去，直到河水结冰为止。最后离开我们的，是春天最先飞来的那一批，譬如白嘴鸦呀，云雀呀，椋鸟呀，野鸭呀，鸥鸟呀，等等……

不同的鸟往不同的地方飞

鸟儿是从同一个温层飞往越冬地的——你们是这样以为的吧，其实，鸟群并不都是从北往南飞去寻找越冬地的。不是的！

各种不同的鸟在不同的时候飞走。大多数鸟是在夜间起飞的，因为这样比较安全。而且，它们并不都是从北方飞往南方去过冬的。有些鸟是秋天从东方飞到西方去。有些鸟正相反，从西方飞到东方去。我们这里有一些鸟，一直飞到北方去过冬！

我们的特约通讯员，有的给我们发来电报，有的利用无线电广播向我们报道：什么鸟往哪里飞以及这些羽翼旅行家们一路飞往越冬地的沿途状况。

自西向东

“切——依！切——依！”红色的朱雀在鸟群里这样交谈着。

早在 8 月间，它们就从波罗的海海滨，从列宁格勒省和诺甫戈尔德省

两地开始了它们的旅行。它们从容不迫地飞行，吃的喝的都不用愁，果腹的东西一路上都很容易找到，所以它们用不着慌。不像春天时它们都要忙着赶回去筑窝、养育孩子。

我们看见它们飞过伏尔加河，飞过乌拉尔一座不高的山岭，此刻看见它们在西伯利亚西部的巴拉巴草原上。它们不停地向东飞，向东飞，向日出的方向飞。它们从一片丛林飞到另一片丛林——巴拉巴草原上到处都是桦树林啊。

它们尽可能在夜间飞，白天休息、吃东西。虽然它们是成群结队地飞，而且群里的每一只小鸟都边飞边留神四周的一切，生怕会遇到什么不测，可是不幸的事还是时有发生。往往是一不留神就会被老鹰叼去一只两只。西伯利亚多得是猛禽——雀鹰、燕隼、灰背隼什么的，防不胜防。它们飞得太快了！当小鸟从一片丛林飞往另一片丛林的时候，不知要被那些猛禽捉去多少！夜里不是鹰们活动的时候，所以要好一些。当然，夜里有猫头鹰，但毕竟猫头鹰数量不多。

朱雀在西伯利亚拐弯，它们要飞过阿尔泰山脉和蒙古沙漠，飞到炎热的印度去，在那里过冬。在这漫长而又艰难的旅途上，它们——那些可怜的小鸟，有多少要成为猛禽的牺牲品啊！

铝质脚环 ф-197357 号简史

俄罗斯的一位青年科学家，用轻金属铝制成一个脚环，套在了一只细条形身个儿的北极燕鸥的脚杆上。这脚环的号码是 ф-197357。这是 1955 年 7 月 5 日的事儿了，地点是在北极圈外白海边的堪达拉克沙禁猎区。

这年的 7 月底，燕鸥雏鸟刚学会飞的时候，就和大燕鸥结成一群，开始它们的冬季旅行了。起先，它们往北飞，飞向白海海域，接着沿科拉半岛北岸往西飞，随后，又往南飞，先是沿挪威、英国、葡萄牙飞，接着沿整个非洲的海岸飞。它们绕过好望角，偏向东方，从大西洋向印度洋飞去。

1956 年 5 月 16 日，一位澳大利亚科学家在大洋洲西岸弗里曼特拉城附近，捉住了这只戴 Φ-197357 号脚环的小北极燕鸥。

从堪达拉克沙禁猎区到这里的直线距离，是 24 000 公里。

它的标本，连同它的脚上的铝质金属环一起，被保存在澳大利亚比尔特市动物园陈列馆里。

自东往西

每年夏天，奥涅加湖上都要孵化出大群大群如乌云一般的野鸭和大群大群如白云一般的鸥鸟，这是亘古不变的。

到了秋季，这些乌云和白云就要向日落的西边飞去。一群针尾凫和一

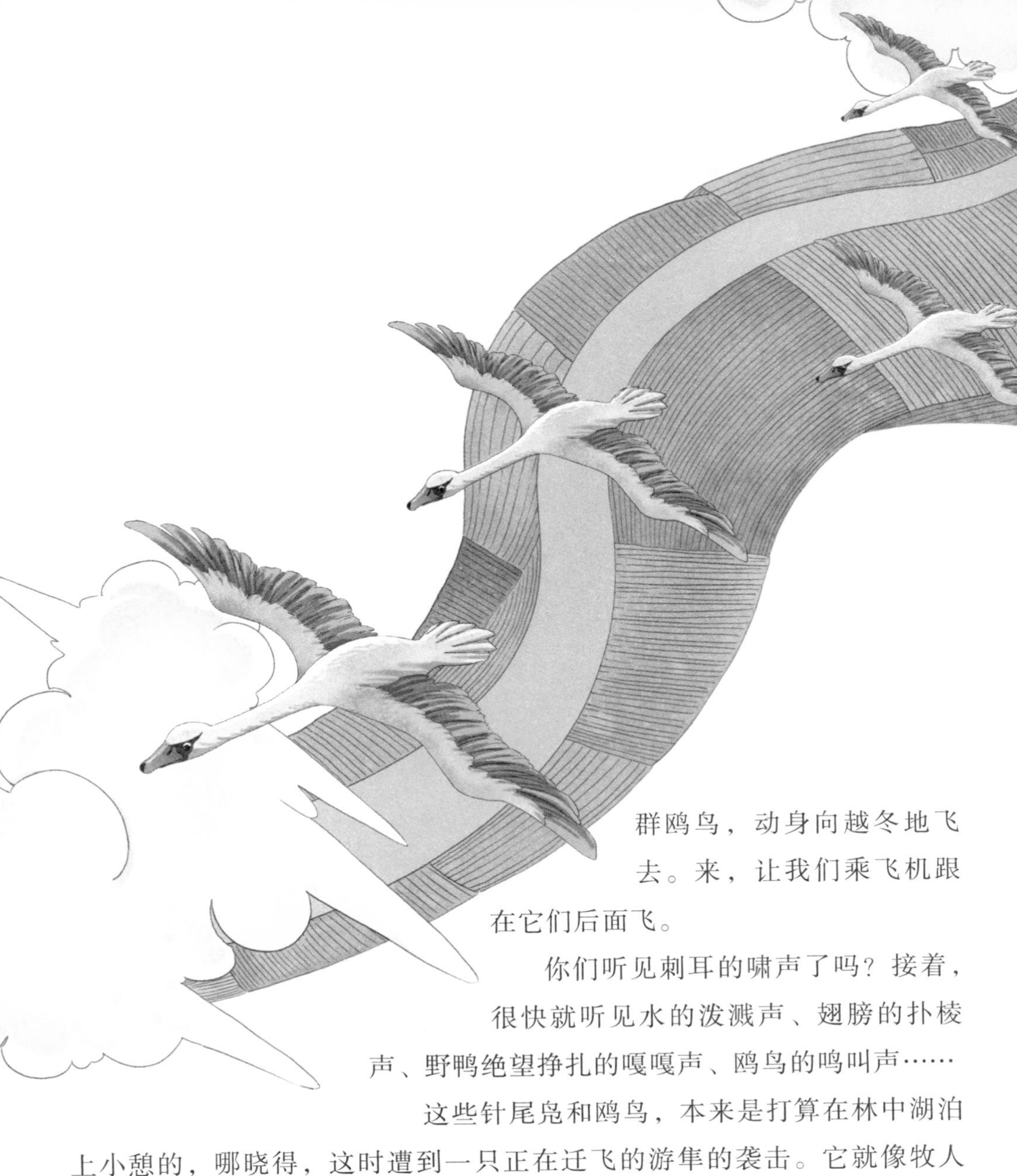

群鸥鸟，动身向越冬地飞去。来，让我们乘飞机跟在它们后面飞。

你们听见刺耳的啸声了吗？接着，很快就听见水的泼溅声、翅膀的扑棱声、野鸭绝望挣扎的嘎嘎声、鸥鸟的鸣叫声……

这些针尾凫和鸥鸟，本来是打算在林中湖泊上小憩的，哪晓得，这时遭到一只正在迁飞的游隼的袭击。它就像牧人的长鞭呼呼抽动空气一样，在往空中上升的野鸭背上闪掠过去；它那最后面的趾爪，锋利得简直就像一把弯弯的小尖刀，它就用这极具威慑力的利爪，冲破了飞行途中的野鸭群。

一只野鸭在它猛烈的袭击中负伤了，长长的脖子鞭子似的垂了下来，它没来得及掉入湖中，那动作迅捷的游隼，呼噜一转身，在水面上一把抓住了它，用钢铁般的嘴壳笃地一啄，就带去当午餐了。

这只游隼，真是野鸭群的丧门星啊！

它从奥涅加湖和野鸭们一同起飞，跟它们一同飞过列宁格勒、芬兰湾、拉脱维亚……它肚子饱胀的时候，就蹲在岩石上或树枝上，冷冷地斜睨着鸥鸟在水面上飞掠，看着野鸭在水面上脚朝天头朝下地频频钻水，嬉戏着翻跟斗，瞅着它们从水面上飞起，麇集成队继续向西——太阳如黄球般沉落在波罗的海的灰色海水里的方向——继续飞。

但是，游隼的肚子一饿，它立马就腾飞到天空中，迅速追上野鸭群，冲进去，逮出一只来充饥。

它就这样一路跟随着野鸭群，沿波罗的海的海岸、北海的海岸飞行，跟着野鸭群飞过不列颠岛。到了那里，这只羽翅恶狼，才放弃了对野鸭群的纠缠。

我们的野鸭和鸥鸟留在这里过冬。而游隼，只要它想，只要它乐意，它就跟上别的野鸭群和鸥鸟群向南飞，飞向法国，飞向意大利，越过地中海，向酷热的非洲飞。

向北，向北，飞向北方

北冰洋绵凫——我们做鸭绒的冬大衣用的，既轻又暖的那种鸭绒，就是从这种绵凫身上拔去的。绵凫在白海的堪达拉克沙禁猎区稳稳当当地孵出了它们的小绵凫。那个禁猎区已经进行了多年保护绵凫的工作。大学生和科学家给绵凫戴上脚环，把带号码的很轻的金属环套在它们的脚上，为的是要弄清楚禁猎区的这种鸟都飞到哪里去过冬，有多少绵凫回到禁猎区来，回到自己的老窝来，还有，为的是弄明白这些奇妙的绵凫的种种生活细节。

现在，经过数年考察，已经弄清楚，绵凫从禁猎区起飞后，就差不多一直向北，向北，飞到阴郁灰暗的北方去，飞到北冰洋去，那里有格陵兰海豹，还有白鲸在沉闷地长声叹息。

白海不久就要整个儿被厚厚的一层冰覆盖起来，冬天绵凫在这里没有东西吃。所以它们飞到北方。在北方，水面一年四季不封冻，海豹和白

鲸在那里捉鱼吃。

绵凫从岩石和水藻上啄软体动物吃。这些北方的鸟，只要能吃饱就行，它们从不挑肥拣瘦。北方的酷寒，无际无涯的汪洋，它们都无所畏惧。绵凫绒绒的冬衣披裹在身上，一丝儿寒气也透不进，是世界上最保暖的绒毛！更何况那里空中常有北极光，有巨大的月亮，有明亮的星星。尽管那里的太阳一连几个月都不露面，可这又有什么要紧呢？北极的野鸭，它们反正是觉得饱暖无忧，在那里自由自在地度过漫长的北极冬夜。

（未完待续）

林国里的搏战

（续完）

我们《森林报》的通讯员找到了这样一块地方，在那里可以看到林国种族间的搏战已经结束。

那是枞树的国度，也就是我们的通讯员寻访最初所到的那片林木采伐迹地。

关于林国的这场残酷战争是怎样结束的，我们的通讯员采访到了这样一些消息。

枞树在同白桦、白杨间你死我活的争夺战中，付出了高昂的代价——大批的枞树在争夺战中死去。然而，结果还是枞树赢得了最后的胜利。

枞树比对手年轻。白桦和白杨的寿命比枞树短。年老体衰的白桦和白杨不能再如枞树那样迅速生长。于是，枞树就长得高过它们，把可怕的毛茸茸的大掌伸到它们头上，夺走了恰恰是白桦和白杨所不可或缺的阳光，它们的阔叶于是日渐枯萎了。

枞树却不断生长，生长，越来越蓬大，往下投下的树荫也越来越浓，它们下面的地窖越来越深，越来越黑暗。在那样黑魆魆的地窖里，凶恶的苔藓、地衣、小蠹虫、木蠹蛾等在等待着枯萎的白桦和白杨。苔藓、地衣们的活跃，意味着战败者的最终死亡。

许多年过去了。

自从那片黑郁郁的老枞树被人砍光后，已经过去了一百年。为了抢夺那片空地的战争，也延续了一百年。现在，在那里，又耸立起了一片阴森森的老枞树林。

老枞树林里，是听不到鸟儿歌唱的，也没有快乐的小兽进去落户。各种各样偶然出现的绿色小植物，难免因没有阳光而衰萎，而死去。在枞树林阴森森、黑沉沉的国度里，很难有可以存活的植物。

每年，冬寒到来时，林木间的战争就自动休停了。冬季是树木的休眠期，它们睡得比洞里的狗熊还要沉——像是死了一般：体内的树液停止了流动，它们不吃，也不生长，只是昏昏沉沉地呼吸着。

你去枞树林里听听，这里只有死一般的沉寂。

你去枞树林里看看，这里只见当年败下阵来的白桦和白杨的尸体。

我们的通讯员采访到这样的消息：今年冬天，这片阴森森的大枞树将被砍伐掉——按计划，将要在这里采伐木材。明年，这里将又变成一片新的采伐迹地。在这里，林木种族间的战争将重新开始。

不过，这次战争有了人类的参与，不容许枞树再独霸天下了。我们将干预这场持续不断的、周而复始的可怕战争，把这里不曾有过的新树种引进新的采伐迹地来。我们将关心新树种的生长，必要的时候，将在顶篷上开出几扇窗户，让明亮的阳光透射进来。

到那时，鸟儿将飞来，给我们唱快乐的歌。

乡村消息

为了保护农田不被沟壑侵犯，大家采取了一系列的措施：采集树木种子、培育速生树苗、在沟壑周围栽种许多树苗。养禽专家让我们了解了哪种母鸡才能多下蛋……

征服沟壑

在我们的田野里出现了沟壑。沟壑一年比一年厉害地侵犯我们的农田。我们要跟沟壑做斗争，不让它们扩大。

我们知道，为了制止沟壑的侵犯，得栽些树把沟壑围起来。树根挽住土壤，就能巩固沟壑的边缘和斜坡。

现在是秋天了。我们的苗圃里培育起了几千株速生树苗，白杨呀，藤蔓呀，灌木呀，还有槐树。我们现在已经在移种这些树苗了。

再过几年，乔木和灌木就可以把沟壑的斜坡给拿住了。

将来，我们还将征服沟壑本身呢。

少先队大队委员会主席 科利亚·阿格福诺夫

采集种子去

9月是很多乔木和灌木结下种子的时节。这时最需抓紧做的，就是多多采集种子，这样，苗圃里才能种出足够多的树苗，绿化运河和池塘。

要多多采集树木的种子，需得在它们完全成熟以前，或者在它们刚成熟的时候，在很短的时间里采完。特别是尖叶槭树、橡树和西伯利亚落叶松的种子，下手需快，不宜耽搁。

宜在9月里采集的树木种子有：苹果树的，野梨树的，西伯利亚苹果树的，红接骨木树的，皂角树的，雪球花树的，麻栗树的和欧洲板栗树的，榛树的，窄叶胡秃子树的，沙棘树的，丁香树的，乌荆子树的和野蔷薇的，还可以采集克里木和高加索常见的山茱萸树的种子。

我们想出来的主意

造林是一件非常美好的事情。

春天，我们过植树节——这一天，是大家造林的节日。

我们在池塘四周栽上树，免得烈日把池塘晒干。我们在高高的河岸上栽种树苗，这样，陡峭的河岸就不会垮塌了。

我们把学校的运动场绿化了。

这些树苗都成活了，入夏以来长大了许多。

现在，我们想出了这样的一个好主意。

冬天，我们田间所有道路都会被雪掩埋起来。每到冬天，我们都不得不砍下整片的小枞树，用它们来拦住村道，免得它们被雪掩埋，有的地方还得立上路标，以免行人在风雪中迷路，陷进雪堆里。

我们想：为什么要每年砍掉这么多的小枞树呢？一劳永逸地在道路两旁栽上活的小枞树，多好！让那些小枞树去生长，去保护道路不被雪掩埋起来，并且成为路标吧！

我们这么想，就这么做了。

我们在森林边缘挖出许多小枞树，用箩筐运到道路两旁来，栽上。

我们细心地给小枞树浇水，那些小树欢欢喜喜地在道路边生长了。

森林通讯员 万尼亚·扎米亚金

选下蛋鸡

昨天，养禽场进行母鸡挑选，选择最好的下蛋鸡。农人用一块木板把母鸡小心地赶往一个角落里去，然后一只一只捉去给养禽专家鉴别，把会下蛋的母鸡挑出来，把不会下蛋的母鸡淘汰掉。

专家手里提着一只喙长身单的母鸡，小小的冠子颜色淡红，两只眼睛眯缝成一条线，木呆呆的，像是在问："逮我做什么？"

专家一看这只母鸡神情不佳，就交回给主人，说："这样的鸡，我们养禽场不要。"

接着，专家捉起一只嘴短眼大的小母鸡，它脑袋宽，冠子血红，且歪向一边。两只眼睛亮晶晶的。母鸡边挣扎，边咕咕乱叫，好像是在说："放开我！快放开！你别抓我，别烦我！你自己不挖蚯蚓吃，还不许别个挖！"

"这只行！"专家说，"这只会给我们下蛋。"

原来，下蛋母鸡也有讲究，要挑选那些活泼的、有劲的、神气活现的母鸡才能多下蛋。

大搬家

鲤鱼妈妈，春天在小池塘里产卵。过了许多日子，卵里孵出了70万条小鲤鱼。这个池塘就住着这70万鲤鱼兄弟姐妹。这个家好大哟！过了一个半星期，它们就觉得拥挤得受不了了。于是就大搬家，搬到夏季的大池塘里去住。鱼苗在大池塘里成长，秋天就成大鲤鱼了。

现在，小鲤鱼正准备到冬季的池塘里去。过了冬天，它们就是一岁的鲤鱼了。

林野专稿

停在浅滩上休息的大雁侥幸逃过了狡猾的猎人设下的圈套。当猎人再次在庄稼地里遇见这群大雁时，他又想出来了另外的计策，于是这回，大雁们看见了一匹“六条腿的马”。

六条腿的马

有经验的猎人都知道，大雁有好奇的脾性。猎人还知道，大雁比其他鸟警惕性都高。

一大群大雁停落在离河岸一公里的浅水沙滩上。那里，人走不过去，也爬不过去，连坐车也过不去。大雁把头藏在翅膀底下，缩起一只脚，安安稳稳地睡大觉。

怕什么呢？它们放了警惕性很高的岗哨在一旁的！

这一群雁的每一侧面，都布有一只老雁在站岗。老雁不睡觉，也不打瞌睡，它们全神贯注地扫视四面八方。在这种情况下，你倒是试试怎样来个防不胜防？

猎人盯上了雁群。

猎人走过来，猎枪的枪筒长长的，从他的肩膀后头露出来，身边颠儿颠儿地跑着一条卷毛狗。

猎人向四野环视着。半明半暗中，他望见了雁群。他站住了，从肩上取下枪来，又从腰间解下装着面包的口袋。他把口袋扔在沙地上，小心翼翼地把猎枪搁到口袋上。狗马上蹲下，守望着主人的东西。

猎人在附近找到一块木片，很快在沙地上挖了个坑，用沙将坑围了起来。然后，他把海潮冲上来的树枝呀，木棒呀，枯草呀，统统都捡了来，用它们堆成一个瞄准射击用的掩体，免得让大雁发觉。

猎人往枪里上好子弹，然后在掩体里埋伏好。他吹了声口哨，把狗叫到自己身边。现在，从倾斜的沙岸上看过来，既看不到人也看不到狗了。

这时，天渐渐放明了。猎人埋伏在掩体里。

大群大群的候鸟，时不时鸣叫着飞向远方。

猎人肚皮贴在掩体里，只能看见前面的东西，所以也就没有发现从他后面的树林里飞出来一只大苍鹰。大苍鹰两扇尖尖的翅膀在空中一闪而过，眨眼间藏进了孤立在沙嘴上的一棵松树的枝叶丛中。

用羽毛把自己装饰起来的猎人，埋伏着，等待着自己的猎物。

在斜坡上，埋伏着的猎人听到了鸟群的喧嚣声，狗立即从掩体里跳了出去，它刚想在沙地上蹲下来，只见从掩体里扔出一小块面包来，擦着它的鼻子飞过。狗马上去追面包。它刚抓住要吞下呢，又一块面包从掩体里扔了过来，落在离它几步远的沙地上。狗又跑过去把那块面包捡起来。

从掩体里飞出的面包，在远处是看不见的。所以候鸟们看见这狗在沙地上来回疯跑，就弄不明白这是为什么。

大雁钻到水里，游向岸边。它把头转过来转过去，好奇地注视着这只跑来跑去的狗。

面包一块接一块地从掩体里扔出来，扔向各个方向，饥饿的狗依然为了寻找面包而来回奔跑着。从掩体的一个缺口里，冷不丁伸出一支枪筒来。但是大雁没有看见枪口已经对准了它，所以它还直对着狗看，想看出个究竟来。最后，枪口瞄准了大雁的胸部。

猎枪始终瞄准着大雁，阳光在明亮的枪筒上闪烁。这明亮的闪光落到白额雁眼中，引起了它的猜疑。

恐惧压倒了好奇。大雁立即飞离水面往后转，回到雁群中去。

猎人在掩体里连声骂娘，野物又从他手中滑脱了：白额雁已经飞出了他的视野。

猎人急忙抓起枪和口袋，大踏步向树林走去。狗夹着尾巴，在他身后紧紧相随。

躲在水草中的大雁看着敌人走进了树林。

太阳从西边落下去了。

大雁又在夜色中睡去。梦中，它的肩头忽然被撞了一下，于是它醒了。它很快把脖子从翅膀下舒展开来，睁开双眼。头几秒钟，它什么也看不见。四周一片漆黑，雾更浓更稠了，有一种黏糊糊的感觉。海浪的溅拍声妨碍它辨别其他的声音。

接着它又被撞一下，这下撞在了它的胸口上，差点儿把它撞倒。这时，就在耳边传来它熟悉的叫声。

“嘎!”大雁拼尽全力大叫起来。

黑暗中，前后左右都传来同样的叫声。

“嘎！嘎！嘎！嘎!”大雁们纷纷叫起来。

第二天，大雁们降落在村外的一块越冬庄稼地里。大雁们四散开来，啄吃地里的嫩苗。只有两只年长的大雁站着一动不动。它们站着，脖子伸得长长的，挺挺的，毫不懈怠地警惕着，守护着四散的雁阵。

大雁们啄吃着嫩苗。但是一传来“咯——咯——咯——”的警报声，它们就立即忘了饥饿，小心地向四下巡望。周围没有发现什么可疑的迹象。不错，是有一匹马从村子方向慢慢踩着碎步走来。看来，拴它的缰绳被挣脱了：它脖子下还晃着那截绳子哩。但是大雁不怕马——要是马背上不骑人的话。

附近没有人影。

白额雁又啄吃起嫩苗来。

其他大雁也都平静下来。

担任警卫的大雁“咯咯”地叫得更响了。

白额雁看见，那担任警卫的大雁定定地望着那匹走近的马。它怎么也弄不明白，为什么马会让警卫大雁这么心神不安。这一次，所有的大雁都聚拢来。雁群密密匝匝地簇拥在一起，所有的大雁都注视着那匹走来的马。现在白额雁感觉到有一种莫名的不安了。

警卫雁越看马，越觉得奇怪：它看出来这马似乎有六条腿，于是它心里发怵了，害怕起来。最后，警卫雁从地上飞起，飞到这六腿动物身边，绕了一圈。

雁群在等警卫雁回来报告侦察结果。警卫雁往回飞了半路，就立即折转身，发出撤离的信号。

雁阵嘎嘎地叫起来，嚯嚯地扇动着翅膀，紧随领头雁慌忙飞了起来。

那躲在马后的猎人闪到一旁，拿枪瞄准雁群，追在后边放了一枪——砰！但是大雁们及时接到警报，它们已经飞远了。

雁群得救了。

（摘自《比安基小说故事选集》）

八方呼叫

秋分这一天，《森林报》编辑部又一次向四面八方发出呼叫，请各处讲讲自己现在的状况。一起来看看秋天的苔原、沙漠、森林、草原、山峦以及海洋会发生些什么吧。

注意！注意！

《森林报》！《森林报》编辑部向你们呼叫。

今天是9月22日，是白天和夜晚一样长的日子。我们通过无线电与天南海北进行联系。

苔原和沙漠，森林和草原，海洋和山峦，都请注意啦！

请你们讲讲，现在，秋天，你们那里都在发生些什么？

喂！喂！这里是乌拉尔原始森林

我们这里这些日子正忙着迎迎送送：对走的客人要送，对来的客人要迎。

我们在迎接从北方、从苔原到我们这里来的鸣禽、野鸭和大雁。它们是路过我们这儿，只是歇歇脚，所以停留的时间都不长。今天飞来一群，吃了些东西，明天你再去看，它们已经不在了，它们半夜里就从容上路，又继续往前飞了。

我们正欢送到这里来度夏的候鸟。秋天一到，它们中的大部分就开始了秋日的远行，它们飞向温暖的地方，飞向越冬地。

秋风横扫着白桦树、花楸树，扯下了它们发黄、发红的叶子。

落叶松一片金黄，夏日里柔软的针叶，如今都变得粗糙了；每到晚上，就有一些笨重的、两边翘着胡子的林中雄松鸡，飞到落叶松的树枝上来。它们浑身乌幽幽的，蹲在色调柔和的金黄色的针叶间，啄食松子来填饱它们的嗉囊。

榛鸡在黑森森的枞树林里尖声叫唤。

这里出现了许多红胸的雄灰雀和淡灰色的雌灰雀、深红色的松鸡、头脸通红的朱顶雀、带角云雀。这些鸟是从北方飞来的，它们觉得这里很好，就留下来，在我们这里过冬，不再继续往南飞了。

田原空旷了。

细长细长的蛛丝被勉强能觉察出来的微风吹动着，在田原上空，在晴朗的白天亮晶晶地飘飞。

这里，那里，最后一批三色堇还盛开着。卫矛伸展着桃叶形的叶片，悬着无数漂亮的小果子，就像中国的小红灯笼，挂在矮树枝头一般。

我们正挖马铃薯呢，菜园里在收割最后一批蔬菜——卷心菜。我们的菜窖装满了过冬用的蔬菜。

我们还在原始森林里采集杉松的坚果。

小野兽们也跟我们人类一样，积极准备过冬的粮食。金花鼠，就是那种细尾巴、背上有五条黑横纹的小鼠，它们把许多杉松的坚果拽到树墩底下收藏起来，还在我们的菜园里偷了不少葵花籽，把它们的仓库填塞得满满当当的。

棕红色松鼠在树枝上为自己晒蘑菇。它们正把淡蓝色的皮大衣换上，准备过冬。

森林里的长尾野鼠、短尾野鼠和水老鼠都用各种各样的谷粒装满了它们的仓库。

林中白斑乌鸦，就是星鸦，也正在搬运坚果，藏进它们将在里头过冬的树洞里头、树根底下，以备隆冬时节闹饥荒的日子食用。

熊给自己找定了一块地方做熊洞，它用锋利而有力的脚爪，一块一块地撕下枞树树皮来，做自己过冬的褥子。

大家都在准备过冬，个个都在辛苦地忙碌着。

喂！喂！这里是乌克兰草原

沿着被太阳烤焦的光溜溜的草原，许多鲜蹦活跳的小球在飞奔、在跃动。它们飞到人跟前来，把人包围起来，扑到人的脚背上来，却一点不疼，因为它们落下时很轻很轻。原来它们根本不是什么球，而是圆圆的一团团干草枯茎，茎尖向外戳着。现在草团儿飞过了土坡和石丘，飞到远处去了。

这是风把一丛丛成熟的风卷球连根拔起，让它们似轮子那样推着跑，它们也就趁这个机会一路滚动一路播撒种子。热风很快就不能在草原上游荡了。因为我们造起了森林带，它们已经站起来保卫农耕土地。这些护林带将挽救我们的收成，不让收成被旱灾毁掉。

种种野禽和水禽汇集到草原湖的芦苇丛中，它们有的是本地的，有的则是过路的。在小峡谷里，在没有割过草的地方，拥集着一群群肥肥胖胖的小鹌鹑。这个季节里的草原上，兔子多得不得了——全身有着棕红色斑点的大灰兔。我们这里没有白兔。

狐狸和狼也多得很——用枪打，放狗去咬，都很容易得手！

在市场上，街头到处都是西瓜、香瓜、苹果、梨、李子，多得堆成了山。

喂！喂！这里是沙漠

9月在我们这里洋溢着节日的喜气。这里正像春天那样生机蓬勃。

夏季令人难以忍受的酷热消退了，几乎天天下雨。空气清新而透明，远处的一切都可以看得异常清楚。

草又发绿了。

夏天为免受烈日烤晒而东躲西藏的动物，现在又四处可见了。

甲虫、蚂蚁、蜘蛛，都从底下爬了出来。

细尾细爪的金花鼠从深洞里钻出来；跳鼠拖着一根长长的尾巴，像小袋鼠那样蹦蹦跳跳。夏眠醒来的巨蟒正在猎捕它们。

不知从哪儿窜出来一些猫头鹰、草原狐、沙狐、沙漠猫。

体态轻盈的黑尾羚羊和弯鼻羚羊，它们在沙漠上疾奔如飞。

鸟儿也飞来了。

这里又像春天一样了，沙漠不再是沙漠。这里绿意葱茏，这里到处活跃着生命。

我们在沙漠里继续旅行。

几百、几千公顷的土地将要布上防护林带。森林将保护田原，不叫田原受到沙漠热风吹袭，而且更进一步，我们将要征服沙漠。

喂！喂！这里是雅玛尔半岛苔原

我们这里已经不见了夏日的热闹。夏天，半岛的岩石上什么鸟的叫声都有，杂乱一片。现在，这里听不见叽叽喳喳的叫嚷了。

身段小巧的鸣禽从我们这里飞走了。雁啊，野鸭啊，鸥鸟啊，乌鸦啊，都飞走了。一切都归于静寂。只偶尔传来硬骨相撞那般的咚咚声——这是雄鹿在那里斗角呢。

早晨的寒冷，这里 8 月间就开始了。现在哪儿的水都结上了冰。夏天来这里捕鱼的帆船和机船随着冰封期的到来，都已经离开了。现在笨重的破冰船在坚固的冰原上为船只的行进开辟通路。

白昼一天比一天短了。漫长的夜，又黑又冷。还在空中飞动的，就只有白色的苍蝇了。

喂！喂！这里是大海洋

我们穿过北冰洋的漫漫冰原，经亚洲和美洲间的海峡通道，进入了太平洋。

太平洋更确切地说是大海洋。这里，在白令海峡，我们常常可以遇到鲸鱼。后来，在鄂霍次克海，也能频繁地与鲸相遇。

想不到世界上竟有如此巨大的野生动物！你试想一下，它们的身躯有多大吧，有多重吧，它们的力气有多大吧！

我们看到一头鲸。这头鲸不是露脊鲸，就是鲱鲸。它被拖到一艘捕鲸大轮船的甲板上。这头鲸有 21 米长。如果把大象头尾相接放到它身上，可以放上 6 头大象呢！它的嘴里能吞得下一条木船，连同划桨人在一起。

它的器官，仅就它的心脏重量说，就达 148 公斤，抵得上两个成年人的体重，它的总重量有 55 吨！

这样大的鲸鱼，要是放在天平盘里称，你们就得做一架大而又大的天平，为了使天平两头相等，另一端需站上男女老少、大大小小一千个人！或许，一千个人都还不够呢。何况，这头鲸还不一定是这个水域里最大的。

听说过吗，有一种蓝鲸，有 33 米长，一百多吨重……

它们的力气之大，大到一头被带绳索的镖叉叉中了的鲸能把船拖出去很远——拖上一天一夜；还可能发生更危险的情况，那就是一潜进深海里去，轮船就会一起被它拖进水里。

不过这种危险也只是发生在从前。现在事情大不一样了。我们很难相信，如此巨大的一座肉山，差不多在眨眼间就丧命在捕鲸人手上了。

不久以前，捕鲸人还从小船上投短镖枪——带长索的镖叉捕鲸。水手站在小船的船头，把鱼叉投到鲸鱼身上去。后来，捕鲸人开始从轮船上用特制的炮打鲸，不过，炮筒里装的不是炮弹，而是带索的镖叉。这只鲸也是被这样的镖叉击中的，只是让它致命的不是铁叉，而是电流：原来在带索的镖叉上接有两根电线，电线的另一头通到船上的发电机。在带索镖叉似针一般刺进鲸体的一瞬间，两根电流就接通了，于是强大的电流就把鲸鱼给打死了。

这个庞然大物只是剧烈地颤动了一下，两分钟后就死了。

我们在白令海峡附近，看见了海狗；在铜岛附近看见了一些大海獭，

它们正带着它们的孩子游玩。这些野生动物供给我们非常贵重的毛皮，所以，当年，日本强盗和俄罗斯沙皇的强盗们就疯狂地捕杀，后来受到政府法律的保护，现在，我们这个海域里的海獭数量又开始猛增了。

在堪察加半岛的岸边，我们看见了一些巨大的海驴，它们几乎有海象那么大。

但是，我们看过鲸鱼之后再来看这些野生动物，就觉得它们小了。

现在是秋天，鲸鱼都离开我们，到热带的温水里去生活了。它们将在那里生养小鲸。明年，鲸鱼妈妈们将要带上它们的小鲸鱼游到我们这里来，游到太平洋和北冰洋的海域里来。

至于这些吃奶的小鲸，它们的个头，比两头水牛还要大呢。

在我们这里，小鲸鱼是不会被捕杀的。

一二678，哪个你能答

1. 秋天落叶的时候，哪一种野兽还生小兽？
2. 秋天，哪些树木的叶子会变红？
3. 是不是所有的候鸟都像大雁一样向南飞？
4. 惯于生活在树上的鸟，和惯于生活在地上的鸟，在地上留下的脚印有什么不同？
5. 如果乌鸦在树林上空呱呱叫着盘旋，久久不肯离去，那么就说明这个地方有什么情况？
6. 为什么好猎人是绝不会伤害雌琴鸡和雌松鸡的？
7. 秋天的蝴蝶躲到哪里去了？
8. 农人们防大灰狼来袭，主要原因是什么？

森林报

秋（第二号）

足储粮食月（10月21日到11月20日）

太阳进入天蝎宫

林中动物为越冬加紧充实粮食库藏

10月。

落叶。

泥泞。

初出现的薄冰，向大地预告着冬天的来临。

鸟兽都在为过冬紧张忙碌着。

风带着浓浓的寒气，把最后一批枯叶扯落。阴雨连绵，直下个不停。一只被秋雨打湿了羽毛的乌鸦蹲在篱笆上，孤凄、寂寞又无聊。它也快要动身了。在我们这里度夏的灰乌鸦已经悄悄飞向了南方。可同时，从北方却飞来了一批灰乌鸦——原来，乌鸦也是候鸟。在那遥远的北方，乌鸦跟我们这里的白嘴鸦一样，是春天最先飞去，秋天最后一批飞离。

秋给森林脱下衣裳，这是它要做的第一项工作。它要做的第二项工作是让水一天天变凉变冷。越来越多的早晨，可以看见水洼子蒙上了一层薄脆脆的冰。水里，也像空中一样，活跃的生命越来越少了。那些夏天把水面点缀得鲜艳美丽的花儿，如今早已把自己的种子丢到了水底，把长长的花茎缩回到水下。鱼都游到水底深坑里。深坑里不结冰，它们准备在那儿过冬。

拖着长尾巴的、整个身子都十分柔软的蝾螈，在池塘里住了一个夏天，这会儿从水里钻了出来，上了岸，在树根底下的青苔里找到了它们过冬的地方。

不流动的水都冻上了。

陆地上有些动物体内的血本来是冷的，现在变得更冷了。昆虫、老鼠、蜘蛛、蜈蚣等，都不知躲往哪儿去了。蛇爬到干燥的坑里，紧紧盘成一团，僵缩在地下。蛤蟆钻进了烂泥里，蜥蜴躲到树墩的脱落的树皮下，在那里开始冬眠了……

野兽嘛，有的穿上了暖和的皮外套，有的忙着把自己洞里的粮库装满，有的在为自己安排窝巢。

都在为过冬做准备呢……

户外，带着寒气的阴雨天，是播种的天气、落叶的天气、阴郁的天气、泥泞的天气、朔风凛冽的天气、冷雨浇泼的天气、秋风把地上的枯枝败叶卷扫一空的天气。

准备过冬

尽管还是秋天，天气还不算寒冷，但是森林居民们已经开始为过冬做准备。野鼠正在搬运粮食，松鼠除了收集坚果和球果，还晾晒了许多蘑菇。植物们也有自己准备过冬的方式……

天气还不算太冷，但是可不能因为天气不太冷而任性游乐啊！随着袭来的寒气，大地和水说冻也就会冻上哦。待一切都封冻了，你还上哪儿找食去啊？到哪儿藏身去啊？

森林里，每一种动物都各按各的习性准备过冬。

该离开的离开，能鼓动翅膀飞往他地避寒寻食的，都走了；留下的，都为过冬而忙着储粮备荒，把仓库装得满满当当的。

短尾野鼠，它们搬运粮食特别来劲。许多野鼠直接在禾草堆里或粮食垛下挖掘过冬的洞穴，天天不停地从农人那儿偷粮食。

野鼠的每一个洞都有五六个小过道，每一个过道通往一个洞口。地底下还有一间卧室和几个储粮窖。

冬天，野鼠要到天气最冷的时候才睡觉。因此，它们囤积大批的粮食有的是时间。有些野鼠洞里，已经收集了四五公斤经过精选的谷粒。

这些小啮齿动物，是专门在庄稼地里活动的偷粮贼。所以，我们得要多多防备它们来损害我们的收成。

松鼠的晒台

松鼠在树上有几个圆圆的洞窝。它把一个圆洞窝当作仓库，把从林中收集来的坚果和球果，储藏在那里面。

另外，松鼠还采集了一些蘑菇、油蕈和白桦蕈。它把蘑菇穿在折断了的树枝上晒干。到了冬天，它就在树枝上跑来蹿去，饿了，就回洞窝吃些干蘑菇当点心。

植物过冬

树木和多年生草类都在准备过冬。

一年生的草本植物都已经播下了它们的种子。但并不是所有的一年生草类都用种子形态过冬。有的已经发了芽。很多一年生的杂草在翻过土的院子里生长起来了。可以看到在荒凉的黑土地上，一簇一簇，那是有锯齿状小叶子的荠菜；还有和荨麻相似的、毛茸茸的紫红色野芝麻小叶子；还有纤细的香母草、三色堇、犁头菜，当然更有讨厌的紫缕。

这些小植物都准备度过隆冬，一直活到明年秋天。

尼·帕甫洛娃（生物学博士）

它们来得及准备过冬

一棵枝丫繁密的椴树，在雪地里很是显眼。它像个棕红色的斑点凸现在大地上。树上棕红色的，那不是叶子，而是坚果上的仿如小舌头般的小翅膀。椴树或长或短的树枝上，都结满了这种有翅膀的小坚果。

有这种装饰的，不只有椴树一种树。你看，这棵高大的白蜡树。这棵树上挂着多少干果啊！那些干果又细又长，像豆荚，一簇簇，一丛丛，密密麻麻地悬在树上。

可是，最耐看的，还是那山梨树！山梨树上到现在都还挂着一串串沉甸甸的浆果，那模样儿着实逗人喜欢呢。还可以看到小檗（bò）上也长着浆果。

卫矛的果实还在炫耀着它们惊人的美丽——美丽得甚至像带黄蕊儿的玫瑰花儿。

瞧这里，还有一种乔木，没有来得及在入冬前传下它们的后代。

还可以看见白桦枝头上，葇荑花序已经干了，却还没有脱落，而花里已经藏着翅果了。

赤杨的黑色小球果也还没有落尽。但是，白桦和赤杨都及时为春天准备好了葇荑花序。春天一到，这些葇荑花序只要把身子伸直，把鳞片张开，就开花了。

榛子树也有葇荑花序。那些粗粗的葇荑花序，呈暗红色，每根树枝上都有两对。不过，在榛子树上，早已找不到榛子了。榛子树什么事情都赶做在前，它跟它的后代也告别过了，并且做好了入冬前的准备。

尼·帕甫洛娃（生物学博士）

水老鼠的储藏室

水老鼠是短耳朵的挖地道专家。夏天的时候，它住在小河边的别墅里。它在别墅地下建了个住宅。从住宅房门口又往下斜着开了个通道，直通到河里。

秋寒时节，水老鼠又在离河边远些的地方，拣了个多草墩的草场，把自己安顿在一间冬季住宅里。这间冬季住宅的卧室，安排在一个很大的草墩下方，里面铺了柔软、暖和的干草，非常舒适。从这里又往外挖了几条百来步或更长的过道。有几条特别的过道把储藏室跟卧室连通起来。

储藏室里，放满了它从庄稼地里和菜园里偷来的谷物、豌豆、葱头、蚕豆、马铃薯，等等，分门别类，按品种进行摆放，一切都有条不紊、井然有序。

森林要闻

刚才还是寒风刺骨，现在却又艳阳高照，一群可怜的青蛙因为这短暂的暖阳而丧失了性命。树林里，树木的树叶都掉光了，这可把一只趴在矮树下、失去树叶保护的小野兔吓坏了！

夏日又重来？

刚才还寒风侵入肌骨，转而又艳阳高照，暖意融融，似乎夏天又重新回来了。

草丛中，金灿灿的蒲公英和樱草花又探出头来。蝴蝶在空中翩跹；蚊子麇集成一根柱状，在空中不停地来回旋动。

不知从哪儿飞来一只调皮的小鸟，一只袖珍的鹪鹩（jiāoliáo），它翘着尾巴唱起歌儿，唱得那么激情四射，那么清脆嘹亮。

从高大的云杉上，传来还来不及飞走的柳莺的歌声，温柔、低沉而又忧伤，好像雨点打在秋水上那样：“采——青——卡！采——青——卡！”

你甚至会忘记，冬天很快就要来了。

青蛙惊慌失措了

池塘被冰封住了，池塘里的居民也就都困在冰层下面了。但是，后来冰又突然融化了。农人们决定清除池塘底部的淤泥。他们从池底挖出一堆烂泥，就走开了。

太阳烈烈地烤晒着这泥堆。泥堆就冒起团团的水蒸气来。忽然，一小团淤泥拱动起来，又有一小团淤泥拱动起来：这一团团淤泥离开泥堆，沿地面接连翻滚。这是怎么回事儿？有一团淤泥伸出一条小尾巴，不停地抽动地面。它抽动着，抽动着，然后扑通一声跳回池塘的水里去了！

接着第二团跟着跳进了水里！

再接着第三团也跟着跳进了水里！

而另一小团淤泥，却伸出小腿儿，从池塘边跳开了。奇妙得太不可思议了。

不，这不是小泥团，是一些浑身糊满烂泥的活鲫鱼和一些活蹦乱跳的青蛙。

它们本是钻在淤泥里过冬的。农人们把它们连同淤泥一起掏上了岸，太阳热辣辣的光把这堆烂泥持久地烤晒，晒得鲫鱼和青蛙都苏醒过来了。它们一醒，就咚咚咚地跃动起来，鲫鱼蹦回了池塘，青蛙去找个清静的地方，免得睡得迷迷糊糊的，再被人给挖出来。

这不，几十只青蛙，像是都商量过似的，朝一个方向跳去了——打麦场和大路那一边，另外还有一个池塘，比先前那一个更大些，并且也更深些。

青蛙已经跳到大路上了。

但是，时到秋天，太阳温热的抚爱是不可靠的。

乌云飘过来，把太阳遮住了。在乌云下吹来了寒冷的北风。光赤着身子的小旅行家们冷得受不住，使出全身的劲来跳了几下，就倒在了地上。

它们的脚麻木了。

它们的血凝固了。

它们不多会儿就僵住了，不会动弹了。

青蛙们再也跳不动了。所有的青蛙都冻死了。

所有的青蛙，头都朝一个方向，朝着大路那边的大池塘。那个大池塘里有的是救命的暖和的淤泥——但是它们到不了那里了。

好可怕啊……

树叶都掉光了，森林看起来就疏疏朗朗的了。

一只小野兔趴在矮树下，身子紧紧贴着地面，两只眼睛怯生生地在那里东张西望。它好害怕呀。周围老是窸窸窣窣响个不停……是老鹰在树枝间扑腾翅膀吗？是狐狸的脚爪把树叶踩得沙沙地响吗？

这只小兔子的毛色正在变白，于是灰的一块白的一块，两色间杂着。而从树上落下的树叶有黄色的，也有红色的和棕褐色的，于是森林的地面变得五色斑斓。

这换毛的日子对于兔子的隐身，是最不利的时节——万一猎人来了，可怎么办啊？

跃身逃跑吗？往哪儿跑呀？枯叶像铁片一般在脚下咔嚓地乱响。就连自己的脚步声也能把自己给吓疯了！

小白兔趴在矮树下，把身子尽可能深地蜷缩进青苔里，贴在一个白桦树墩上，连粗气都不敢出，一动不敢动，光是两只眼睛滴溜溜地转动着，惊惶地东张西望。

好可怕啊……

红胸小鸟儿

夏季里的一天，我在树林里走，听见茂密的草丛里有什么在跑动。起初我心里害怕，后来我开始仔细察看。只见一只小鸟被草茎绊住，出不来了。这是只生来个儿就小的小鸟，通身灰色，只有胸脯是红色的。我把它带回家来了。它让我欢喜得不得了。

我把它喂养在家里，给它吃面包屑。它吃了点东西，就兴奋起来。我给它做了个笼子，又专门去捉了些小虫子喂它。它在我家里住了一个秋天。

有一天，我离家出去玩，笼子没关好，我家的猫就把这小鸟吃掉了。

我很爱我的小鸟，难受得哭了一场。可是一点办法也没有了。

森林通讯员　奥斯塔宁

白桦树上的小喇叭

我发现了由一截白桦树皮卷成的一个小喇叭，紧贴在树干上，样子奇特得让人很想去探个究竟。一定是有人在上端砍了几刀，下端砍了几刀，又随手揭起一长条桦树皮，走了。这揭口旁边的树皮就渐渐翻卷起来，慢慢卷成了一个喇叭形的树皮圆筒。这喇叭筒上下两头的口子往往是上大下小，干缩了以后，下头的筒口紧紧收拢，就封死了，而上边的圆口则朝天张开着。在白桦树林里，这种附贴在树干上的喇叭筒时常可见，所以人们也就不会去留意它们。

可今天，我倒是要仔细端详端详，这样的喇叭筒里究竟有没有装什么东西。我在第一个卷筒里就发现了一个完好的核桃，牢牢嵌在卷筒底部。我找了根木棒去拨动它，还拨不出来呢。周围没长核桃树呀。这颗核桃怎么会落进这卷筒里的呢？

“十有八九，是松鼠藏在这儿的——它在这里储存它的冬粮呢。”我脑子里这么思忖着，“松鼠知道，这树皮筒会越卷越紧，这核桃就会被牢牢地卡夹在筒底，掉不下去。”可后来我又猜想，这应不是松鼠的冬粮，该是特别爱吃核桃肉的鸟，将这核桃从松鼠窝里偷来，藏在这卷筒里的。

定睛端详着这个白桦树皮卷筒，我还想探寻一下这核桃下边还有什么，谁都想不到的——竟是一只蜘蛛，卷筒底部布满了它细细的柔丝。

普里什文 摘自《白桦树上的小喇叭》

我的小鸭子

我妈妈在抱窝的母吐绶鸡身下，放了3个鸭蛋。

到第四个星期，孵出了好几只小吐绶鸡和3只小鸭子。我们把小鸭子放在暖和的地方饲养，等它们长得足够壮实以后才放出去。后来，有一天，我们的吐绶鸡妈妈带了小吐绶鸡和小鸭到外面去了。

我们家的屋外有一条水沟。小鸭子们一见水就离开吐绶鸡妈妈，摇摇摆摆走进了沟里，欢欢喜喜游起水来。母吐绶鸡慌了神，急急跑过来，转来转去不知如何是好，直叫着：“哦！哦！”

它见小鸭子根本不理它，只管自己在水里自由自在地游来游去，一生气就带着小吐绶鸡走开了。

小鸭子游了一会儿，身上冷了，就从水里跳上岸来，嘎嘎叫着，浑身哆哆嗦嗦的，却找不到一个取暖的地方。

我把它们放在手里，拿手绢给它们蒙上，送进屋里去。它们马上安静下来了。它们就这样在我们家里过日子。

第二天一大清早，我把3只小鸭子从家里放出去，它们立刻又跳进水里去。它们在水里觉得冷了，就立刻往家跑。它们的翅膀还没长硬，飞不上台阶，只管叫唤着要我过去帮忙。

有人把它们捉到台阶上面，它们就径直进屋向我的床边跑过来，站在床边，伸长脖子直着嗓门叫。这时，我正睡觉哩。妈妈把它们捉到床上面来，它们就钻进我的被窝，睡着了。

秋天临近的日子里，小鸭子都已经长大了，我也被送进了城里去上学。我的小鸭子想念我，想念了很久，老是叫唤。

我听到这个消息，流了不少眼泪。

森林通讯员 薇拉·米海叶娃

女妖的魔扫帚

现在，树都光溜溜的了，那些夏日隐在茂密枝叶间的秘密，如今都看得一清二楚了。瞧，远处，有一棵白桦树，它上头似乎做着许多白嘴鸦的窝。但走近一看，才能看清那根本不是什么鸟窝，而是一束束向四面八方伸展着的黑乎乎的树枝。老百姓管这叫作“女妖的魔扫帚”。

请回想一下，你们读过的任何一个关于女妖或魔女的童话吧！魔女骑着扫帚在天上飞，一路用扫帚扫去自己的痕迹。然后，女妖会骑着扫帚从烟囱里飞出来。不论是女妖还是魔女，都离不开魔扫帚。所以她们在几种不同的树木上涂了一层药，让它们长出扫帚一般的一束束怪模怪样的树枝来。讲童话的人，就都是这么讲的。

当然，科学的说法不是这样的。那么，科学的说法是怎么样的呢？

事实上，树枝上这一束束细枝，是由一种病症引起的——树上有一种特别的扁虱子或者一种特别的菌类。榛树树枝上的扁虱子非常小非常轻，风一吹，就把它们吹得满森林到处飞。扁虱子落在一根树枝上，钻进一个芽里去，就在那里面住下来。生长芽是一根嫩枝，是带有叶子的茎。扁虱子不去动枝叶，只悄悄吃芽的汁液。它们一边咬伤芽，一边分泌病毒，芽就患病了。等到芽开始发育的时候，嫩枝以神奇的速度开始生长，比普通树枝的生长速度要快6倍。

病芽发育成一根短短的嫩枝，嫩枝又立即生出侧枝。扁虱子的孩子们爬到侧枝上，使那些侧枝又生出侧枝。如此这般不断分枝，发疯似的分枝，于是在原来只有一个芽的地方，就生出一把奇形怪状的“女妖的魔扫帚”。

当芽里进去一个寄生菌的胚，并在其中发育的时候，也会发生同样的现象。

白桦树、赤杨、山毛榉、千金榆、槭树、松树、云杉、枞树和其他一些乔木、灌木，都可能长出“女妖的魔扫帚”。

追踪报道之候鸟纷纷飞往越冬地（续完）：

鸟类迁飞之谜

为什么秋天到来时，有些鸟往南飞，有些鸟往北飞，有些鸟往西飞，而有些鸟则往东飞？

为什么有些鸟在天寒地冻、漫天飞雪、无处觅食、不得不离开时，才无限留恋地离开自己的出生地；而另一些鸟，譬如雨燕，在它们还四处都能找到食物时，就按迁飞时间表，一到该离开的时候，就毫不犹豫地离开？

最重要的问题是：它们凭什么会知道应该飞往何方越冬，按怎样的飞行路线才能准确地飞往越冬地呢？

这真是值得咱们好好来探究：在莫斯科或列宁格勒城郊的蛋壳里孵出来的鸟，竟会知道该飞往南非和印度去过冬。西伯利亚一带，有一种翅膀特别健壮因而特别擅于远翔的小个子游隼，竟知道从西伯利亚起飞，飞向遥远的澳大利亚，在那里只待不长的时间，等西伯利亚的严寒时节一过，等咱们这里一有春意，它们就立即匆匆启程，飞回这里。

其实不这么简单！

既然翅膀生在鸟身上，那么，它们爱往哪儿飞就往哪儿飞吧，这不是很简单的事儿吗？

这几天，天气转冷，挨饿的日子就要开始了，那就鼓起双翼向南飞一段路，飞到暖和些的地方去。待那儿的天气也冷起来了，就再飞一段路，飞得更远些。随便飞到一个气候相宜、食物丰富的地方，就可以留下来过冬。

其实不这么简单！

不知为什么，我们这里的朱雀一直飞到印度去；西伯利亚的游隼却经过印度和几十个适于过冬的热带地方，一直飞到澳大利亚去。

这样看来，促使我们这里的候鸟飞越山峦，飞越海洋，千里迢迢飞到遥远的地方去的，并不仅仅是饥饿和寒冷这样简单的原因，而是鸟类的一种不知由来的、相当复杂的原因，一种无法摆脱的、难以克制的感觉。但是……

大家都知道，在远古时代，我国大部分地区都曾经屡遭冰河的袭击。

死气沉沉的、沉甸甸的冰河，以排山倒海之势，慢慢地用了几百年时间，覆盖了我们的大片平原，后来又慢慢地再用几百年的时间，退却了。后来又再流过来，一路上席卷了所有的生物。

鸟类靠它们自己的翅膀拯救了自己。头一批飞走的鸟，占据了冰河边的地域，下一批飞得更远些，就仿如玩跳背游戏那样。等冰河退却的时候，被冰河从温暖的窝里挤走的，又飞回了它们的故乡。飞得不远的，最先飞回来；飞得远些的，下一批飞回来；飞得更远些的，再下一批飞回来——这一回，跳背游戏的顺序倒了个个儿。这种跳背游戏玩得很慢很慢——几千年才跳一次！很可能，鸟类就是在这时间的巨大间隔里，养成了一种获得性习惯：秋天，在天气要冷起来的时候，离开自己的出生地；春天，太阳温煦大地的时候，再飞回那里去。

这样一种习惯，可以说是“渗入了骨髓”，也就永久保留了下来。因此，候鸟每年从北往南飞。在地球上没有过冰河期的地方，即没有大批的候鸟。这个事实，也就证明了以上的这种科学推测。

其他一些原因

秋天，候鸟离开我们这里，并不都南迁去温暖的地方，也有些鸟类是向别的方向飞，甚至向北飞，向最寒冷的地方飞。

有些鸟仅仅是因为我们这里的大地被深雪覆盖，水被坚冰封锁，它们没有东西吃，才不得不离开我们这里。所以只要我们这里一有地方融了雪，化了冰，我们这里的白嘴鸦、椋鸟、云雀等就都很快飞回来了！只要我们这里的江河湖泊上有地方冰化雪消，鸥鸟和野鸭就都马上飞回来了。

绵鸭是怎么也不能留在坎达拉克沙禁猎区过冬的。因为一进入冬季，白海就被封上了一层厚厚的冰。它们不得不往北飞，因为往北的一些地方，譬如墨西哥湾暖流流过的地方，那里的海水一年四季都不封冻。

冬天，你如果从莫斯科向南走，那么用不了多长时间就能到乌克兰，在那里，你可以看到白嘴鸦、云雀、椋鸟等鸟类，它们，在我们这儿被

认为是留鸟。它们确实是留鸟，它们虽然离开了，但飞去越冬的地方离我们这里并不很远。须知，有许多留鸟也并不是总待在同一个地方，它们也在迁飞。只有城里的家雀、寒鸦、鸽子和森林中、田野间的野鸭，是一年到头住在同一个地方的。其余的鸟，都或远或近要迁飞他地。那么，根据什么判断哪一种鸟是真正的候鸟，哪一种鸟只不过是在冬天时做了次移栖呢？

就说朱雀吧。这种红色的金丝雀，就很难说它是移栖的。黄鸟也是一样。灰雀飞到印度去过冬，黄雀鸟飞到非洲去过冬——这才叫真正的候鸟呢。使灰雀和黄雀成为候鸟的原因，似乎跟大多数候鸟的成因有所不同，它们并不是因为冰河的侵袭和退却，而是由于别的什么原因。

你仔细观察观察母灰雀，它看起来像是一只普通的家雀，但其实是不一样的：它的头和胸脯是血红血红的。更令人觉得不可思议的是黄鸟：它浑身上下是纯金色的，一对翅膀黑黑的。

你不由得会想：这些鸟的服装多鲜丽啊！在我们北方，它们是异乡鸟吗？它们是来自遥远的热带的小客人吗？

很像是，非常像！黄雀是典型的非洲鸟，灰雀是典型的印度鸟。也许原因是这样的：在遥远而又遥远的年代里，这些鸟类发生了过剩的情况，因此，年轻的鸟不得不去为自己寻找新的栖居地，孵育小鸟，繁衍后代。于是，它们开始向鸟类住得不是太拥挤的北方迁飞。夏天，北方不冷，裸身的小鸟儿都不会感冒，于是它们就在北方过夏天了。等到天气冷起来，也吃不饱了，那时候再回它们的热带故乡去。在热带故乡，它们孵出了雏鸟，自成一个族群，和睦团结，彼此相容，生活得很快乐。到春天，再飞往渐渐变暖的北方去。像这样飞去飞来，南翔北飞，暑去寒回，过了几千几万年……

于是就养成了一种“深入骨髓”的移飞习惯：黄鸟往北飞，经过地中海飞到欧洲去；灰雀从印度往北飞，经过阿尔泰山脉，飞到西伯利亚，然后再接着往西飞，经过乌拉尔群山，再往前飞。

对于迁飞习惯的形成，还有一种假定是这样的：由于某种鸟类逐渐适应了新的做窝地。就拿灰雀来说吧，在最近这几十年，我们可以说是眼看着这种鸟越来越往西迁移，一直迁移到波罗的海的海边。冬天一到，它们还仍旧回它们的印度故乡去。

这种种关于迁飞习惯产生的假设，也能向我们说明一些问题。不过，关于迁飞习惯的形成问题，还有不少没有破解的谜。

迁飞之谜破了些，有些还没有破

关于候鸟迁飞的起源研究，也许我们的假定是有意义的，但下面这些该怎么回答呢？

候鸟的迁飞路程，往往达到几千公里。它们怎么会认识这条路的呢？

人们可能会以为，秋季里，每一个迁飞的鸟群里，都至少会有一只老鸟，率领着年轻的鸟，沿着它熟悉的路线飞行，从做窝地准确无误地飞往越冬地。现在却观察到了这样一个毋庸置疑的事实：在今年夏天刚从我们这里孵出的鸟群里，连一只老鸟也没有。我们看到有些种类的鸟，年轻的比年老的先飞走；而有些种类的鸟，则是老鸟比年轻的鸟先飞走。但无论何种情况，年轻的鸟都能在规定的日期飞抵越冬地，不会发生任何差错。

这也太不可思议了——老鸟的头脑就那么一点点儿大，就算是这小小的脑子能记住几千公里的路程吧，可雏鸟呢，它们两三个月前才从蛋壳里蹦出来，它们绝对没有见过世面，它们怎么能不依赖老鸟而独立地认识这条路呢？这真让人绞尽脑汁也想不明白了。

就拿我们泽列诺郭尔斯克的那只小杜鹃为例吧！它怎么会找到杜鹃在南非过冬的地方呢？所有的老杜鹃，都几乎比它早一个月动身飞走了，所以肯定没有老鸟来给那只小杜鹃领路。杜鹃是一种不合群的、性格孤僻的鸟，从来不结成团队，甚至在迁飞的时候都是单个飞行。小杜鹃是红胸鸲（qú）养大的，而红胸鸲是飞往高加索去过冬的鸟。这就让人想不明白——它是怎么能飞到南非去的呢——南非是我们北方的杜鹃世世代代过冬的地方啊！而且，它飞去以后，又是怎样回到了红胸鸲把它从

蛋壳里孵出来、哺育它长大的那个鸟窝里来呢？

年轻的鸟怎么会知道，它们应该飞到哪里去过冬呢？

亲爱的《森林报》读者们，你们得好好去研究一下鸟类迁飞的奥秘问题。也说不定，你们这一代也还不能揭开这个秘密，那么，就把秘密再留给你们的孩子去破解吧！

要破解这个谜，首先需放弃如“本能”这类难懂的词汇。得想出无数个巧妙的试验来做，并且要旷日持久地研究下去，要彻底弄明白：鸟类的智慧和人类的智慧有什么不同？

乡村消息

随着白天越来越短，为了增加鸡的活动和进食时间，养鸡场在晚上把灯打开了。粉碎了的干草是既营养又美味的饲料调味品。果园工人们给果树穿上了白衣裳。菜农们正在抢时播种。

昨　天

养鸡场的电灯打开了。现在白昼时间短了，为了延长光照时间，农人们晚上把电灯打开，以便给鸡增加活动时间，也延长进食时间。

母鸡们高兴透了。电灯一亮，它们马上扑进炉灰里洗澡。一只最爱斗架的公鸡歪起脑袋，用左眼斜睨着电灯。

“咯，咯！噢——”它说，“要是你挂得再低一点，我就拿嘴壳子啄你一下！”

营养好，味道也不错

粉碎了的干草，是饲料中最好的调味品。拿来做调味品的干草，都是上佳的好干草。

吃奶的小猪如果拌些营养草末在里面，小猪就长大得特别快。如果你想让下蛋鸡多下蛋，那么你就喂它们吃这种干草末吧，它们就会“咯咯哒！咯咯哒！”地天天夸耀自己下的蛋！

给果树穿上白衣裳

果园工人忙着修整苹果树。苹果树身上，除了保留些苔藓作为它灰绿色的胸饰，其他统统收拾干净，以防害虫寄生在果树上。

工人在树干和下面的树枝上涂上了石灰水，这样苹果树就不会再生虫了，还可以使它们避免被强光灼伤，也可以使它们避免寒气侵袭。现在，所有的苹果树都穿上了白衣裳，看起来非常漂亮。难怪工人们开玩笑说：

“我们在国庆节前，把苹果树打扮得漂漂亮亮的，我们要带它们去参加国庆游行呢！”

抢时播种

菜农正在田畦上播种莴苣、葱、胡萝卜和香芹菜。种子撒在冰冷的土里，能发芽吗？据说菜农的女儿还听见种子在大声发牢骚：

“你们播你们的，反正天气这么冷，我们就不发芽！你们爱发你们自己发去吧！”

其实，菜农这么晚播撒这批种子，是存心不叫它们很快发芽的，因为到秋天的这个节气，种子已经不能发芽了。

但是，明年春天一到，它们将早早就发芽，早早就成熟。早一点收获莴苣、葱、胡萝卜和香芹菜，能卖个好价钱呢。

城市新闻

城市里，动物园里的鸟兽们也在准备过冬。最近几天，城市的上空竟然总是盘旋着一些“没有螺旋桨的飞机”。你要是想在秋天的城市中看一次野鸭，就请快点去吧，现在它们正在涅瓦河上的一些地方游荡呢。

动物园准备过冬

动物园里的鸟兽们，冬天有冬天的住宅。秋天天气转冷时，就要把鸟兽从夏天的住宅搬进冬天的住宅。它们过冬的笼子里，火已经烧暖了。因此，搬进冬天笼子里的野兽，没有一只想要过漫长的冬眠生活。

动物园笼子里的鸟不能到越冬地去。一天之内，它们都被管理员从寒冷的地方搬到暖和的地方去了。

没有螺旋桨的飞机

这几天，在我们的城市上空总盘旋着一些奇怪的飞机。

行人常常在街心站住，仰头张望，带着讶异的目光，注视天空中飞行的机群，看它们悠悠地兜圈子。

他们边看，边彼此交谈：

“看见了吗？”

“看见了，看见了。”

“奇怪啊，怎么听不见螺旋桨的转动声呢？”

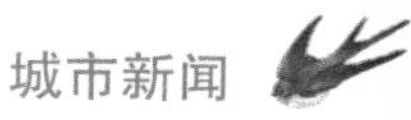

“或许是它们飞得太高了？你看，它们多么小啊！”

“即便飞低了，你也听不到有螺旋桨的声音呢。”

“为什么呢？”

“因为它们根本没有螺旋桨。”

“怎么会没有螺旋桨！难道说它们是一种新型飞机？那么，是什么型号的呢？”

“雕！”

“你在开玩笑吧！我们这个城市哪儿来的雕！”

“有这样一种雕——它们叫作金雕。它们现在正在迁飞，向南飞。”

“原来如此！喔，现在我也看清楚了，是鸟在盘旋。如果你不说，我还以为是飞机呢。太像飞机了——就算扇一扇翅膀，也能让人看出不是飞机啊……”

快，看野鸭去

在涅瓦河上的施密特中尉桥附近，还有在彼得洛夫斯克要塞附近以及其他的一些地方，最近几个星期以来，经常有许多各式各样的野鸭。

有同乌鸦一样乌黑的海番鸭，有弯嘴巴的、翅膀上带有白斑的斑脸海番鸭，有尾巴像小棒槌那样的杂毛长尾鸭，有黑白两色相间的鹊鸭。

都市的喧哗，它们一点也不害怕。

甚至当蒸汽拖轮切开河水、卷起浪花的时候，当拖轮铁制船头向它们直直冲去的时候，它们也不害怕。它们只往水里一钻，然后在离开原处十来米的地方哗啦一下钻出水面。

这些潜水本领很好的野鸭，都是海上飞行线上的羽翅旅客，它们每年到我们城市来做两次客，春天来一次，秋天来一次。

待到拉多牙湖中的冰块流到涅瓦河里的时候，它们就飞走了。

林野专稿

一只松鼠跑进了一户人家，于是就在这户人家居住了下来。尽管家里十分温暖，吃食不缺，但是松鼠依然保持着自己的天性：在大柜顶上贮备冬粮、往鹿角摆设上晾晒蘑菇、到烟囱里做窝……

跑进家来的松鼠

我们家的房子就紧挨着森林。

一只松鼠跑进我们家来，很快就同我们相熟了。它成天满屋子乱跑，在橱柜和架子上乱跳。它动作灵活得惊人，可从来没碰掉过一样我们的摆设。

爸爸的书房里，挂着一副从森林捡来的大鹿角。松鼠常常爬到鹿角上去蹲着，就像蹲在树枝上似的。

它特别爱吃甜食，所以经常跳到我们肩膀上要糖吃。有一回，它自己钻进橱子里去偷了方糖，妈妈不知道是松鼠干的，还专门叫过我去问谁偷吃了方糖。

有一天，午餐后我正坐在餐厅里的沙发上看书。忽然看见松鼠跳上餐桌，叼起一块面包皮，一跳，跳上了大柜顶上。过一分钟，它又来叼走了一块面包皮。

我想，松鼠把面包皮都叼到哪儿去了呢？

我搬了一把椅子到大柜子跟前，爬上去，往大柜顶上瞧，那儿搁着一顶妈妈的帽子。我拿起那帽子，不由得大吃一惊：那帽子下面什么都有！有方糖，也有纸包糖，还有面包皮和各种各样的小骨头……

我马上把我的发现拿给爸爸看，说："原来松鼠是我们家里的小偷！"

爸爸哈哈大笑，说："我怎么早没想到呢！你要知道，咱们家的松鼠这是在贮备冬粮呢。森林里的松鼠一到秋天就要开始储备冬粮，这是松鼠的天性。我们家的松鼠有它吃的，可它还要同森林里的松鼠一样贮备冬粮。"

爸爸在餐柜门上装了个小钩子，让松鼠再也钻不进去偷糖块。但是松鼠依旧千方百计储存冬粮，一见面包皮、榛子、核桃、小骨头什么的，就立即叼了去，收藏起来。

后来有一天，我们到林子里去采蘑菇，很晚才回家，感觉累得不行，随便吃了点东西就睡了。满满一篮子蘑菇就不经意地搁在了窗台上，那儿比较凉快，放一夜坏不了。

我们早晨起来，一看，蘑菇篮里空荡荡的了。

蘑菇都上哪儿去了呢？

忽然爸爸在书房里惊叫起来，喊我们过去。我们跑过去一看，挂在墙上的那副鹿角上晾满了蘑菇。不仅鹿角上，而且搭手巾的架子上、镜子后面、油画上面，到处都是蘑菇。原来松鼠起了个大早，忙活了整整一个清晨，把蘑菇全晾上了，想晾干了留着自己过冬吃。

秋天，当阳光还温暖地照耀着大地的时候，森林里的松鼠总是把蘑菇高高地挂在树枝上晾干。我们家的松鼠也这样做了。

它是预感到冬天将要来到了！

过了些日子，天气真的冷了起来。松鼠躲到暖和些的角落里去藏身。再接着就干脆不见了它的踪影。我们都感到心里空落落的。

天太冷了，我们非生上炉子不可了。于是我们关上通风口，放上些柴，点着了火。这时，忽然听得炉子里有什么东西沙沙直响。我们急忙把通风口打开，只见松鼠像一粒枪弹似的从里头弹飞了出来，跳到大柜上。

炉子里的烟呼呼直往屋子里冒，而烟囱口却不见一丝儿烟。怎么回事？哥哥用粗铁丝做了个大钩子，从通风口伸进烟囱里去，看烟囱是叫什么给堵住了。

结果，哥哥从烟囱里掏出一只手套，还有奶奶过节时才舍得戴的头巾。

原来，我们家的松鼠把这些东西叼到烟囱里给自己垫窝去了。我们这才又想起它毕竟是从森林里来的。天性就是这样。跟它说同人住在一个屋子里，冷不着它的，没有用！

斯克列比茨基 摘自《驯服的和野生的》

一二678，哪个你能答

1. 兔子是上山跑得快还是下山跑得快？
2. 树叶落尽时，我们能从树上看到哪些鸟儿的秘密？
3. 什么动物在树上晒蘑菇？
4. 鸟类为冬天储备食物吗？
5. 冬天到来时，青蛙都躲哪里去了？
6. 生活在水上的鸟脚趾有什么特点？
7. 什么动物的脚爪叉开并且朝外翻？
8. 什么动物在池塘里游，在地面上站？

森林报

秋（第三号）
冬客临门月（11月21日到12月20日）
太阳进入人马宫

森林在梦乡里听到了冬的前奏曲

11月。

年的一只脚已经跨入了冬天。

11月是9月的孙子，10月的儿子，12月的兄长。

11月树林里尽是落光了叶子的树，像在大地上插满了大钉子；12月的江湖都铺上了冰，像搭起了宽宽桥。11月骑着有斑纹的马去巡游大地：地上不是雪就是烂泥，不是烂泥就是雪。

11月是一个挺有能耐的铁匠，他在自己不算宽敞的工场上打造枷锁，一副副的枷锁能把辽阔的俄罗斯全都铐起来。

秋天开始做第三件事——他去把森林还没脱光的那层衣服全剥落下来，给水戴上镣铐，又甩开雪被把大地蒙起来。这时，人在树林里走，会感觉很不舒服，树木黑沉沉的，光溜溜的，被雨水从头到脚淋了个透湿。河上的冰亮晶晶的，可要是你伸腿儿踹它一脚，它就咔嚓嚓全裂开了，要立足不稳，那就得掉进去尝尝冷水冰冰的滋味。所以，翻犁的地都盖上了雪被，都不再生长了。

不过，再怎么说，现在还不是冬天，还只是冬天的前奏。几个阴天以后，又会出一天太阳。所有生物见到太阳出来，看它们那个高兴哟！放眼望去，这儿从树根下钻出一群群黑色的蚊虫，往天空飞去，那儿脚边开出一朵朵金黄色的蒲公英、款冬花，呵，它们还都是春天的花哩……

但是，树木已经进入酣眠状态，要没知没觉地睡一个长长的冬天，直到来年春天，它们才又会醒来。

看，伐木工人扛着锯进了森林——伐木的季节到了。

森林要闻

冬天越来越近，冰冷的寒风在森林里肆虐。尽管天气寒冷，森林里依然活跃着一些鸟类。生长着赤杨的湿地上、低矮的柳树丛林里，还飞舞着一些五彩缤纷的“花儿”……

冬来森林里也不是死寂一片

冰冷的寒风横冲直撞。落光了树叶的白桦树、白杨树和赤杨树，在寒风中剧烈地晃动着，吱呀吱呀响个不停。

最后一批动身迁飞的候鸟，急不可耐地与家乡匆匆告别。

我们这里的夏鸟还没有完全飞走，迁来我们这里的越冬的客鸟已经来临了。

鸟的习性是各不相同的，你看吧，有的飞往高加索、外高加索、意大利、埃及和印度去过冬，而有些鸟却宁愿在我们的省区内过冬。在我们这里，冬天，它们觉得很暖和，吃的东西也很多。

飞　花

湿地成片成片的赤杨，将黑魆魆的枝丫伸向天空；树枝上没有一片树叶，地面上没有一根青草。一副苍凉的景象！太阳软塌塌的，很难从灰色的云层后面露出脸来。

让人意想不到的是，生长着赤杨的湿地上，在阳光的照耀下，飞舞起了许多快乐的花儿。色彩缤纷的花儿大得出奇——有白生生的，有红艳艳的，有绿茵茵的，有金灿灿的。有的落在赤杨树枝上，有的粘在桦树的白色树皮上，俨然是些彩色的光斑在闪闪烁烁，有的坠落在地上，有的在空中旋舞，绚烂的翅膀频频颤动。

它们用芦笛般美妙的乐音相互呼应着。它们从地面飞上树枝，从一棵树飞向另一棵树，从一片小树林飞进另一片小树林。

它们究竟是什么？

它们是从什么地方飞来的？

北方飞来的鸟儿

这些小鸣禽，是我们随冬而来的客人。它们是从遥远的北方飞来的。它们中间，有些是红胸脯的朱顶雀，有些是灰不溜秋的太平鸟——它们的翅膀上有五道红羽毛，像是向上撑开的五个手指，头上有一簇冠毛。有些是深红色的松雀，有些是绿色的雌交喙鸟和红色的雄交喙鸟。它们中间，还有金绿色的黄雀、黄羽毛的小金翅雀以及胖嘟嘟的红胸雀。我们本地的黄雀、金翅雀和灰雀，全飞到较为暖和的南方去了。上面说到的这些鸟，都是在北方做窝的鸟：北方现在冷得它们受不了，倒觉得我们这儿还蛮暖和呢。

黄雀和朱顶雀靠吃赤杨的子儿和白桦的子儿过日子。太平鸟和小金翅雀吃山梨和其他浆果。交喙鸟吃松子和枞树子儿。它们都吃得饱饱的。

东方飞来的鸟儿

柳树低矮的丛林间，突然开出一朵朵的白玫瑰花儿。这些玫瑰花是美丽的小鸟。这些白玫瑰似的鸟儿，在柳树丛中飞来飞去，在树枝间不停地转悠，用它们细长的黑色钩爪，一会儿这儿扒扒，一会儿那儿抓抓。它们那花瓣儿一般的小白翅膀，在空中不住地扑扇着，飞舞着。它们边飞边啼，空中飘洒着它们轻柔的欢叫声。

这是白山雀，又叫天青鸟。

它们不是从北方飞来的，而是从东方——从那寒风呼啸的西伯利亚冰雪地带，飞越乌拉尔连绵的群山，飞到我们这儿的。那里早已是冬天了，矮小的杞柳统统都埋在深深的积雪里了。

到睡觉的时候了

乌云密密匝匝的，把太阳全遮掩住了。空中坠落着湿漉漉的灰雪。

一只胖獾不知为什么气呼呼的，它一边瘸着颠着朝自己的洞口走去，一边哼哼唧唧地埋怨森林里又阴湿又泥泞。该是钻到洞里睡觉的时候了——它的沙土洞可干燥了，可整洁了，躺在这样的洞里懒懒地睡上一冬，该有多舒服啊！

一种叫北噪鸦的小乌鸦，在丛林里打架，浑身湿淋淋的羽毛，一根根支棱起来，闪烁着咖啡渣的颜色。它们放开喉咙大叫着。

一只老乌鸦在树梢头蹲着。它忽然一声大叫。原来，是看见了远处有一具野兽的尸体。它鼓起锃亮锃亮的黑色翅膀，闪电般飞了过去。

森林里一片寂静。灰蒙蒙的雪花，沉重地坠落在发黑的树木和褐色的土地上。地上的落叶在一天天腐烂。

雪越下越大，越下越猛。大朵大朵的雪花像鹅毛般飘落下来。大雪把黑色的树枝妆成玉树琼花，也给大地披上了银装……

我们这里的河流，像伏尔加河呀，斯维尔河呀，涅瓦河呀，严寒一来，它们就都封冻了。最后，连芬兰湾也结上了厚厚的冰。

摘自少年自然科学家的日记：

最后的飞行

11 月的月末，当寒风把雪吹卷成了堆，忽然，天气倒变暖和了。开始，雪并没有化。早晨我到外面去散步，看见雪地上——灌木也好，树木间的大路也好——都飞舞着黑色的小蚊虫。它们有气无力地从下面一棵矮树的地方飞升起来，飞成一个半圆圈，然后侧着身子落在雪地上。

午后，雪就渐渐融化了，树枝上啪嗒啪嗒掉下融雪来。一抬头，融化的雪水就会滴进你的眼睛里，或是一片又冰又湿的雪尘，忽然洒在你的脸上。这种时候，往往会有成群成群的小蝇子不知打哪里飞来，夏季那时节，我从来没见过这种小蚊虫和小蝇子。小蝇子飞得很低，几乎贴着了地面，它们飞得还真带劲哩。

到傍晚，天气又转而变得阴冷了，那时小蚊虫和小蝇子就不知躲哪儿去了。

本报通讯员 韦里卡

夜间出没的强盗

我们这儿的森林里来了一个夜间盗贼。

然而我们却极不易见到它，因为夜间天黑，压根儿发现不了它，而白天又不能把它从积雪中分辨出来。它是北极地带的林间居民，因此，它身上的服装就同北方终年不化的白雪一个颜色。

我说的是来自北极的雪鸮（xiāo）。雪鸮的个头跟猫头鹰相差无几。只是气力稍逊于猫头鹰。它以各种鸟类为食，也吃耗子、松鼠和兔子。

它的故乡是苔原，那里现在冷得要命，小野兽差不多全部都躲到洞里去了，鸟儿也飞往暖和的地方去了。

饥饿把雪鸮逼到我们这里来，寻找充饥的野物。它是要在这里过冬了，到明年春天再回家。

你去问问熊吧

熊总把自己冬眠的住宅选在低洼地带，甚至就安置在沼泽地上，安置在繁茂的小枞树林里，以抵御冬季刺骨的寒风。但是，如果这年的冬天不是冷得特别厉害，常常间或出现融雪天，那么所有的熊都会毫无例外地把越冬的熊穴选在高地，或者丘坡上。这种现象是经过许多代猎人证实的。

这个道理不难明白。因为熊害怕融雪天。融雪天里，要是有一股融化的雪水流到它的肚皮底下，而后忽然天气又一冷，雪水就会迅速冻结起来，会把熊那层毛茸茸的皮外套给冻成铁板，那时情形就糟透了——它再也顾不上睡觉，只能跳起身来，满森林里奔窜，活动活动血脉，把身上弄暖和再说！

但是，如果冬天没有安静地躺下来睡觉，过多地活动身子，会把身上储藏着准备过冬的热量消耗尽，那就不得不用吃东西的办法来补充热量、增加气力。但是冬天，熊在森林里可找不到任何充饥的东西。因此，如果它预见到这年冬天暖和，它就给自己挑选个高一些的地方做窝，免得融雪的冰水打湿它的皮大衣。这个道理是很容易明白的。

然而，它又是根据什么来做判断，根据什么来预知这年冬天暖和还是严寒呢？它们为什么早在秋天就能十分准确地做出决断：该把过冬的窝做在沼泽地上，还是做在丘坡上？这我们还不知道。

请你钻进熊洞里去，问问熊吧！

啄木鸟的打铁场

我们家菜园后面有许多老白杨树和老白桦树，还有一棵很老很老的枞树。枞树上挂着数枚球果。一只五彩的啄木鸟飞来，想吃这些球果。

啄木鸟落在树枝上，用长嘴啄下一个球果，接着顺树干往上一蹦一跳爬上去。它把球果塞进一条树缝里，开始用嘴啄它。它把球果里的子儿啄出来，然后就把空球果扔掉，再去采另一枚球果。它把第二枚球果照样塞在那条树缝里，又采了第三枚球果，还是塞在那个树缝里……啄木鸟就像这样一直忙活到天黑。

森林通讯员 列·库伯莱尔

乡村消息

对付爱啃果树皮的老鼠和兔子，村民们有的是好办法。养兽场里迎来了第一批居民：一群棕褐色的狐狸。其他狐狸在自己的新家里看见围观的人们时都有些怯生生的，有一只却只是满不在乎地打了个哈欠。

我们的主意比它们多

一场大雪过后，我们发现，老鼠在积雪底下挖了一条地道，直通到我们苗圃的小树跟前。瞧，老鼠有多狡猾！但是我们对付老鼠的办法也很多：我们把每棵小树周围的积雪都踩得硬硬实实，这样，老鼠就不能钻到小树跟前来了。有些老鼠钻到了积雪外面，它们经受不住严寒，很快就冻死了。

兔子也常到我们的果园里来，撕吃果树的树皮。我们也想出了对付的好办法：我们把所有的小树都用稻草和枞树树枝包裹起来，捆扎好，这样，兔子就只能干瞪眼了。

季麻·布罗多夫

棕褐色的狐狸

养兽场建起来后，来的第一批牲畜是棕褐色的狐狸。一大群人跑来欢迎兽场的新居民。连学校里的孩子也都跑来看了。

狐狸用疑惑的、怯生生的眼光，打量着欢迎它们的人。只有一只狐狸满不在乎地打了个哈欠。

“妈妈!”一个在白头巾上扣了一顶无檐小帽的小男孩大声说，“可别把这只狐狸围在脖子上，它会咬人呢!”

尼·帕甫洛娃（生物学博士）

城市新闻

涅瓦河已经封冻了，每到下午4点，乌鸦和寒鸦便聚拢在冰面上。城市花园和墓地里的灌木和乔木的敌人又小又狡猾，以至于人类无法对付，因此只好找来一群小小“侦察兵”。

瓦西里岛区的乌鸦和寒鸦

涅瓦河封冻了。现在，每到下午4点钟，斯密特中尉桥（第八街对面）下游的冰上，就聚拢着瓦西里岛区所有的乌鸦和寒鸦。

这些乌鸦和寒鸦，在冰面上乱吵一阵，而后分作好几群，各自飞回到瓦西里岛上花园区过夜。每一群鸟都按照自己的喜好，住在不同的花园。

侦察兵

城市花园和墓地里的那些灌木和乔木，都需要人去保护。但是树木的敌人却是人类所难以对付的。因为树木的敌人都很小，并且很狡猾，不容易被发现。园丁们盯不住它们，只得找一些侦察兵来帮忙。

帮助园丁们的这些侦察兵，常常可以在城市花园和墓地上看见。

它们的首领，是“帽子”上有红帽圈的色彩斑斓的啄木鸟。啄木鸟的嘴活像是一根长枪。它用嘴啄到树皮里去。它不时大声向鸟们发出号令：凯克！凯克！

跟随啄木鸟飞来的有凤头山雀，就是头上扣一顶尖尖帽的那种；有大眼泡山雀，就是后帽子上插了根短钉的那种；有莫斯科山雀，就是浑身

浅黑色的那种。随啄木鸟来的还有旋木雀。旋木雀穿着浅褐色外套，嘴像锥子那样尖利；还有鳾鸟，它穿着天蓝色的制服，翅膀是黑色的，胸脯是白色的，腹部是褐红色的，嘴像短剑一般锐利。

啄木鸟发号令说："凯克!"

鳾鸟马上跟着重复啄木鸟的命令："特弗奇!"

山雀们回答说："崔克！崔克！崔克!"

于是，整群山雀就都干起活来了。

侦察员们迅速行动，占据树干和树枝。啄木鸟啄着树皮，频频伸出尖利而又坚实的舌头，从树皮里钩出蛀虫。鳾鸟围着树干向下转来转去，看见哪条树皮缝隙里有昆虫或幼虫，就把它锋利的短剑嘴刺进去。旋木雀在下面的树干上奔跑，用它那弯弯的小锥子戳着树干。所有的山雀都动员起来，在树枝上乐颠颠地兜圈子。它们向每一个小洞和每一条小缝里窥探，没有一条小害虫能逃过它们的尖锐的眼睛和灵巧的小嘴。

一二678，哪个你能答

1. 虾在哪里过冬?
2. 冬天，鸟最害怕的是寒冷还是饥饿?
3. 冬天，怎么样从地面判断树上有啄木鸟?
4. 在北方，"冬天的夜强盗"指的是什么鸟?
5. 秋冬两季，乌鸦在什么地方睡觉?
6. 猫的眼睛在白天和夜里是不一样的，怎么不一样?
7. 跟踪兽迹的猎人所说的"双重迹"是什么意思?
8. 食肉动物和食草动物的牙齿有什么区别?

森林报

冬（第一号）
银路初现月（12月21日到1月20日）
太阳进入魔羯宫

森林开始熬冬 动植物开始越冬

12月。

冰雪封冻大地，冻成漫无边际的冰板。

12月结束了一年，开始了一个全新的冬季。

现在没有水的事了，连汹涌的河流都被冰封住了。大地和森林都盖上了雪被。太阳躲到厚厚的云层后面去了。白昼一天比一天短，黑夜一天比一天长。

积雪下面掩埋着多少尸体啊！一年生植物按节气长起来了，开花了，结果了，然后枯败了——它们重新变成了它们所赖以生长的泥土。一年生动物，那些无脊椎小动物，也都按时令过完了它们的一生，然后化为尘埃。

但是，植物留下了种子，动物产下了卵。到一定的时候，太阳又将用热吻来唤醒它们，就像《睡美人》童话里的英俊王子那样。

太阳是无所不能的，它将从泥土中重新创造出生命体来。那么，那些多年生的动物和植物呢，它们有办法保护自己的生命，平安地度越漫长的北方冬季，直到来年的春天又降临大地。不过要知道，12月的冬季，还没有完全显示出它的威猛来！

太阳还要回到人间的。太阳回来时，生命又都将复活。

眼前，得把冬季挺过去。

冬天的书

冬天终于降临。皑皑白雪将田野和林间空地变成了一本摊开的大书的书页。每个林间居民都在这本书上签上了自己的名字。不过，要读懂这本书可不容易……

整个大地铺上一层又一层的皑皑白雪。

如今，田野和林间空地像一本摊开的大书的书页：平平展展的，没有一丝儿皱褶；那么光洁干净，没有一个字。要是有什么动物此时在上面走过，就会写上“某某到此一游”，告诉人们这行字是它们自己写下的。

白天下了一场雪。雪停了，写在雪地上的字就不见了，又重新变成一面洁白的书页。

早晨，你来看看这雪地，你会发现洁白的书页上印满了各种各样神秘的符号：有竖道儿的，有圆点儿的，有逗号，有省略号。这说明夜间有各种各样的林间居民来过这里，它们在这里走动、蹦跳，还看得出，它们都干过些什么事。

是谁到过这里？它们干了些什么事？

要赶在还没有再次下雪前分辨出这些符号，解读出这些神秘的字符。不然，再来一场大雪，你眼前又会只是一面干净的大纸，仿佛是谁来把书翻过了一页。

谁怎么读

在这本冬天之书上，每一个林中居民都签上了自己的名字，各有各的笔迹，各有各的符号。人只能用自己的眼睛来分辨这些笔迹。不用眼睛，还能用什么呢？

然而，动物跟人不一样，它们能用鼻子读。就以狗为例吧，狗用鼻子闻闻冬天书页上的字，就会读到“这里有狼来过”，或者“刚才一只兔子从这儿跑过”。

动物的鼻子学问可大了。它们绝不会读错的。

谁用什么写

大多数走兽是用脚写字的。

有的用五个脚趾写，有的用四个脚趾写，有的用蹄子写。有时候，也有用尾巴写的，用鼻子写的，用肚皮写的，反正各种不同的动物用不同的部位来写字。

鸟儿们用脚和尾巴来签名，也有用翅膀来签名的。

常体字和花体字

我们的通讯员，多年来学会了读“冬”这本书。他们从这本冬书里读到了林中发生的各种大小事件。他们掌握这些科学知识并不容易，因为林中居民并不总是用正楷签字的，有的喜欢在签字时玩点新名堂。

灰鼠的字迹很好认，也很容易记。它在雪地上玩跳背游戏，跳得很带劲。它跳的时候，短短的前腿撑住地，长长的后腿向前伸出好大一截，同时宽宽地叉开。所以，前腿的脚印就小小的，并排印出两个小圆点儿；而后腿的印迹长长的，离得很开，好像两只小手掌，伸着纤细修长的手指头。

野鼠的字迹小是小，可非常简明，很容易辨认。它很有心计，从雪底下爬出来的时候，往往是先兜个圈子，然后再朝着它要去的方向快步跑去，或者回到自己的洞里。这样一来，雪地上留下了一溜儿的冒号，冒号和冒号间的距离是均衡的。

鸟儿们签下的字，比方说喜鹊的字迹吧，也很容易辨认。它的前脚趾印在雪地上，是“十”字形的，后面的第四个脚趾头是一个短短的破折号；小“十”字形的两旁是翅膀羽毛留下的弧痕，好像手指划过雪地那样。有些地方，雪地上也还留下参差的尾羽尖扫过的痕迹。

这些签字笔迹都是工工整整的，没有花哨，一眼就能看明白：这印迹是一只松鼠从树上爬下来，在雪地上蹦跳了一阵，又回到树上去了；这印迹是一只老鼠从雪底下钻出来，兜了几圈，重又回到雪底下去了；这印迹是喜鹊落下来，在硬实的积雪上跳了一阵子，尾巴在积雪上扫了一下，翅膀在积雪上扑了一下，随后就飞走了。

而狐狸和狼的笔迹，你倒是要花时间辨认辨认看！若是你对雪书的功课学得不扎实，那你一定会陷入它们精心制作的谜团中。

小狗和狐狸，大狗和狼

狐狸的脚印很像是小狗的脚印。它们的不同只在于，狐狸把脚掌收作一团，几个脚趾头紧紧并拢。

狗的脚趾却是舒展的，所以，它的脚印会浅一些，不会那么硬实。

狼的脚印则像是大狗留在雪地上的。它们的差别也只有一点：狼的脚掌由两边往里略略收紧，因此，狼脚印比狗脚印长一些，秀气一些；狼脚爪和狼掌上那几块小肉疙瘩，在雪地上压得深一些。狼脚掌印的前爪和后爪间的距离，比狗的大一些。狼的前爪印，在雪地上往往拢成一团。狗脚印趾头上的小肉疙瘩并在一起，紧紧合拢，而狐狸和狼的前脚趾都是分开的。

这是一本“看图识字”的读本。

一串串一行行的狼脚印特别难读，因为狼总要把自己的脚迹弄乱，留些谜团在雪地上。狐狸也是这样。

狼的狡智

狼在森林里走动或小跑的时候，它的右后脚总是准确地踩在左前脚踏出的脚印里，左后脚总是踩在右前脚踏出的脚印里。因此，泥地上，雪地上，它的脚印是单行的，一条直线的，仿佛是一条绳子绷在地上，它似乎是沿着一条直线走动或小跑的。

当你看着这样的一行脚印，你会这样解读：“有一只壮实的狼，打这里过去了。”

这样你就错了。

对这行留在地面上的脚印，你得这样读才对：“有五只狼打这儿走过去了。”走在头里的是一只聪明的母狼，后面跟着一只公狼，尾随的是三只小狼。

它们排队走的时候，后面一只狼的脚总是不左不右、不前不后踩在前面那只狼的脚印上，而且是叠得非常齐整的，让你看了绝对不会想到这竟然会是大小五只狼的脚印。

一定得把眼力练得敏锐些，这样才能在雪地上辨别出狼的动向，成为银砌兽径上的好猎人。

森林要闻

森林里，一只自作聪明的小狐狸没有仔细辨认地上的脚印，于是便栽了跟头。《森林报》的通讯员在树下发现了一串骇人的脚印。荒野和森林里的野兽终于盼来了一场大雪，整个大地变成了雪海。

自作聪明的小狐狸

小狐狸在林间空地上，发现了几行老鼠写在地上的小楷字。

“啊哈，”它心里想，“我这就去吃掉它！”

它也不好好用自己的鼻子读读这几行字，弄清楚是谁来过这里，而只是潦草地瞅几眼，就做出判断，以为这几行字是通往矮树林里去的。

“到矮树林里去吧，准能找到吃的。”它这么想着，就蹑着脚往矮树林走去。

它看见雪地里有个小东西在蠕动。这小家伙灰毛、短尾。它纵身扑上去，一把抓住这个小东西，咔嚓一口咬下去！

弗尔尔尔尔——呸！臭死我了！恶心死了！

它忙不迭地吐出咬进嘴里的小兽，跑到一边去吃雪……雪或许能把嘴里的臭味冲淡点。啊呀，那气味可太难闻了。

就这样，小狐狸到嘴边的早餐没吃成，还白白断送掉一只小兽的性命。

原来那只小兽不是老鼠，是鼩鼱。

鼩鼱远看像老鼠。近看，一眼就能分辨出来：鼩鼱的嘴脸是长长的翘出来的，背脊总是弓起。它以虫为食，跟田鼠、刺猬是近亲。凡有经验的野兽，都不会去碰这个臭东西的，因为它有一股十分强烈的近似麝香的气味。难闻极了。

骇人的脚印

我们《森林报》的通讯员在树下发现了一串脚印。脚印很长，长得让人一看就发怵。脚印本身倒是不大，也就跟狐狸脚印差不多吧。但是爪印又长又直，活像是钉耙。要是谁给这样的脚爪抓上一把，准能把五脏六腑都给揪出来。

通讯员小心翼翼地顺着脚印走去。来到一个大洞前，洞口的雪地上散落着一些细毛。他们仔细研究了一番。细毛是直挺的，硬的，有弹力的；毛的颜色是白的，毫尖是黑的。这是人们用来做毛笔用的那种毛。

他们马上明白了，住在这洞里的，是獾——一种阴郁的动物。不过它并不像它的脚爪那样骇人。大概它是嫌洞里太阴冷，所以出来遛遛，借洞外暖和的天气暖暖身子。

大雪海

初冬，雪下得不多，对于荒野和森林里的野兽来说，这是最难熬的日子了。地面光秃秃的，冻土越来越厚，什么吃的都找不到。地洞里阴冷得厉害。在这样的日子里，连习惯于在地下安居的鼹鼠都要受罪了——冻土坚硬得像岩石，它的爪子虽然锋利如铁锹，但挖起这样的冻土来也费劲极了。鼹鼠都这么难，老鼠、田鼠、伶鼬、白鼬这些动物又该怎么办啊？

盼啊盼啊，总算盼来了一场大雪。大雪下呀下呀，下个不停，积雪也不再消融了。茫茫一片干爽的雪海啊，把整个大地都笼盖了起来。人在雪海里，积雪没了膝盖。榛鸡、黑琴鸡、松鸡都埋在积雪里，甚至连它们的脑袋都看不见了。老鼠，田鼠、鼩鼱之类不冬眠的穴居小兽，全都从地下住宅里钻了出来，在雪海底下窜来窜去。食肉的伶鼬不知疲倦地

在雪海里忽而钻到东，忽而钻到西，就跟小个儿的海豹一般。有时候，它会跳出来，在雪海海面上待上一阵，左右张望，指望榛鸡什么的从雪海里探出脑袋来，接着，又一个猛子扎回雪海的海底去。它就这样诡秘地出没在雪海里，直到逮到鸟填饱自己的肚子为止。

雪海底下比雪海面上要暖和得多。冷风和寒气都灌不进雪海里。这厚厚的一层固态水，可以阻挡酷冷和严寒靠近地面。于是，许多穴居的鼠类就把越冬的窝直接筑在雪层底下的地面上，俨然是离开地下洞穴，来到冬季别墅来避寒。

意想不到的是，有这样的一件事儿！有一对短尾巴田鼠用细草和兽毛做了个小小的窝，这个窝竟架在一棵盖着雪的矮树上。它们呼出的丝丝热气，正从窝里轻轻地冒出来。

在这拥着雪被的小窝里，有几只刚出世的田鼠娃娃，身上光溜溜的，眼睛都还没有睁开呢！而那时外面正是零下二十摄氏度的天气呢！

雪底下的鸟群

一只兔子在沼泽地上蹦跳着，它从这个草墩跳到那个草墩，又从那个草墩跳到这个草墩。忽然一个趔趄，掉在了雪地里，雪一下淹没了它的耳朵根。

兔子觉得脚底下有个活物在动弹。

就在这一刹那，从它的身子底下，身子四周冲飞起许多黑山鸡，噼里啪啦，大声扑腾着翅膀。

兔子吓坏了，转身就跑，逃进了森林。

原来是，有一群黑山鸡住在沼泽地的雪底下。白天，它们飞出来，在沼泽地上活动，找雪里埋着的蔓越橘吃。它们吃饱了，重钻回雪底下睡觉。

在雪底下，黑山鸡们既暖和又安全，没谁会来打搅它们。除了这个冒失的兔子，有谁能发现它们呢？

一个冬季的正午

元月里的一个正午，阳光寂寥地照着大地。

积雪披覆着的树林里，悄无声息。熊沉睡在洞穴里。它的洞穴上堆满了被雪压坠、压弯了的大小树木，在那些树木间，看起来朦朦胧胧的，似乎有一些童话里的城堡，幻现出拱形圆顶、空中廊道、庭院、窗户，还有尖顶的塔楼。这一切都在阳光下迸射着光芒，显得那样的奇幻神秘，繁密的小雪花像钻石的矿藏，闪烁耀目。

忽然，一只小巧的袖珍鸟儿，像是从地底下钻出来似的，一下子跳了出来，它翘着尾巴，嘟着小嘴，扑扇着翅膀，哗的一声飞到枞树顶上，随后就用它颤动的嗓音鸣啭着，银铃般的啁啾声，顿时洒满了整座森林。

就在这时，在那白雪庭院幻境中，一个洞穴的小窗口，突然露出一只迷蒙混沌的绿眼睛……难道说春天这就到来了吗？

这是洞穴主人的眼睛——熊的眼睛。熊在建自己的冬眠地洞时，总会在洞壁上留一扇小窗。它从哪一面进去睡觉，这扇窗就开在哪一面——森林里是随时都有可能发生不测的啊！熊看了看，还好，在它钻石般晶莹闪烁的庭院里，什么事儿也没有发生，一切平静如常……于是，那只绿眼睛很放心地从窗口后消失了。

在冰雪裹盖的树枝上，小鸟儿蹦跳了一阵，又钻回雪帽子下的树根里去了。在那里，它有一个用干苔藓和绒毛精心营造的暖窝窝。

乡村消息

在冬天里十分无助的山鹑，得到了村民们的帮助：他们给这些可怜的生灵设立了“食堂”。为了给秋播谷物造一堵防风墙，村民米沙将拖拉机变成了“犁雪机”。

宅鸟山鹑

在积雪和坚冰掌管的世界里，树木沉睡了。

树干里的血液，那些夏日流动在树木体内的树液，现在都结冰了。

打谷场附近，如今飞来成群的灰山鹑。

积雪深深，漫无边际。这些灰山雀呀，可到哪儿去找食物填饱肚子啊，就算是扒开积雪，积雪下面也还有厚厚一层坚冰，用它们那细脚爪去扒开冰层，这困难就可以想象了。于是它们就都往村庄里飞。

冬天要捉山鹑很容易。

但冬天是禁止捉山鹑的。因为法律不容许人们在冬天捕捉这些无助的生灵。有的人很聪明也很细心，冬天，他们在田野间，用枞树枝搭起小棚子，小棚子底下撒些燕麦粒儿和大麦粒儿——他们就这样给山鹑设立食堂，让这些无助的鸟儿来吃。

即便冬季再冷，这些食客也不会饿死的。第二年夏天，每一对山鹑都会生蛋，孵出 20 只甚至比 20 只更多的小山鹑来。

犁雪机

昨天，我到村子里去看望从前的一个同学，他叫米沙，是村里的拖拉机手。

米沙的妻子开门让我进了家。她是一个特别爱开玩笑的人。

“米沙还没回来，”她说，“忙犁地呢！”

我心想：这玩笑也开得太不能叫人信了。说他在犁地！托儿所刚会爬的娃娃都会知道，冬天不犁地。

我也就接过她的话茬，笑嘻嘻地说：

“是在犁雪吧？”

“不犁雪，还能犁什么？”米沙的妻子回答说，“当然是犁雪啰！”

我去找米沙。不论你怎么不信你的耳朵，我在地里找到他时，他在轰隆隆开拖拉机，拖拉机后面拖着一只大木箱。木箱把雪都推到一起，堆成一堵严实的高墙。

“米沙，这墙做什么用？”我问。

“这是挡风用的雪墙。有了这么一堵墙，风就不能把雪卷走。要没有这雪，秋播谷物都会被冻死。所以得将地里的雪都留住。我这拖拉机现在是犁雪机，是固雪机呢！”

尼·帕甫洛娃（生物学博士）

城市新闻

《森林报》编辑部收到了一些从国外传来的消息，让我们知道了从这儿飞走的候鸟们在他乡的生活。而一只降落在南部非洲的白鹳居然轰动了整个南非洲，这又是怎么回事呢？

国外消息

《森林报》编辑部收到一些国外消息，报道了从我们这儿远飞他乡的那些鸟儿的生活细节。

我们这儿的著名歌手夜莺，它们飞往非洲中部去过冬，云雀现在在埃及度假，椋鸟则分批到法兰西南部、意大利和英格兰旅行去了。它们在那儿并不像在家乡时那样终日歌唱。它们得为自己的吃和住而忙碌。不是有句古话吗——“在家千日好，出门一时难”！在异乡做客的它们一心等待春天的到来——到那时，它们就又可飞回家乡，爱唱歌就唱歌，要孵雏鸟就孵雏鸟了。

一只鸟轰动了南非洲

在南部非洲，发生了一件轰动一时的大事。

一群白鹳降落在那里，人们发现，在这白鹳群里，有一只脚上戴着个白色金属环的鹳。

他们把戴脚环的白鹳逮住。看清了镌刻在金属环上的字：“莫斯科。鸟类学研究委员会，A 组第 195 号。”

我们的报纸上报道了这则消息，于是我们知道，前些时候我们的通讯员捉住的那只白鹳，冬天去了什么地方。

鸟类学研究的科学家，用这种给鸟戴脚环的办法，发现了许多关于鸟类生活的趣闻和秘密。这林林总总的秘密包括：它们在什么地方过冬，它们长途旅行的路线，等等。

为了更好地研究鸟类，世界各国都有相应的鸟类研究机构。在铝制的各种尺寸的脚环上，镌刻着分发环的机构名称，还镌刻着组（按环的尺寸分组）和号码。要是远方有谁捉住或打死了这种戴脚环的鸟，就应该按照环上所示的科研机构名称通知他们，或把自己的这个发现公布在报纸上。

林野专稿

经验丰富的猎手塞索依奇带着几个年轻猎人一起去林中，他们准备围猎一只很有价值的公狐狸。尽管有塞索依奇的带领和指导，但是狡猾的狐狸似乎看透了他们的圈套……

林中猎狐记

经验丰富的猎手，只需瞟一眼狐狸的脚印，就能马上找到狐狸洞，把狐狸给捉住。

塞索依·塞索依奇一大早走出家门，一眼就发现有一行狐狸的脚印，留在刚下过雪的地面上。雪不厚，脚印却非常清晰、鲜明而又整齐。这位小个子猎人一步一步慢悠悠地来到狐狸脚印旁，站在那儿，寻思了一阵。

塞索依奇卸下滑雪板，单膝跪在滑雪板上，弯起一个手指头，伸进狐狸脚印的凹坑里，竖着量量，横着量量，又想了想。然后站起来，套上滑雪板顺着脚印滑去，一路滑，一路牢牢盯住脚印。

他滑着，一会儿隐进了矮树林，一会儿又从矮树林里钻出来。

他来到一片树林边，依旧不慌不忙地绕树林滑了一圈。

他从树林那头出来，便立即加快了速度，奔回自己的村庄。他滑得那么娴熟，不用滑雪杖也能飞一般在雪地上滑行。

冬季的白昼很短，而他为了弄清脚印就已经用了两个钟头。塞索依奇心里拿定了主意：非逮住这只狐狸不可。

他向我们这里另外一个叫谢尔盖的猎人家跑去。谢尔盖的妈妈从窗户看见这个小个子猎人来，就走出来，站在门口，先开口说道："我儿子这会儿不在家。他没告诉我上哪儿去了。"

塞索依奇知道老太太有意瞒着他，就笑了笑说："我知道，我知道，他在安德烈那里。"

塞索依奇果然在安德烈家里找到了两位年轻人。

他一跨进门，两个小伙子立刻停住了谈话，一脸尴尬的样子。为什么这样，他们瞒不过他。

谢尔盖甚至还从板凳上站起来，想用身子遮住一捆围猎用的小红旗。

"嗨，别遮遮掩掩了，孩子们。"塞索依奇揭穿他们的秘密说，"我知道你们这么偷偷摸摸的是想要做什么。昨天夜里，狐狸来拖走了一只鹅。这会儿，这只偷鹅的狐狸躲在哪里，我知道。"

塞索依奇单刀直入地捅破了两个小伙子的秘密，弄得他们一下不知说什么好了。还在半个钟头以前，谢尔盖遇上了邻村的一个熟人，听说昨天夜里狐狸来偷走了他们的一只鹅。谢尔盖听到后，立刻赶来告诉他的好朋友安德烈。他们刚刚商量好怎么去找到那只狐狸，怎么在塞索依奇听得风声前下手把狐狸捉住。谁知，塞索依奇就在这时出现在他们面前，而且他已经连狐狸在哪里都弄清楚了。

安德烈打破了沉默，说："是哪个老娘们多嘴，你听说的吧？"

塞索依奇意味深长地笑笑说："老娘们？我想，她们是一辈子也闹不明白狐狸住哪儿的。是我一大清早看脚印看出来的。现在，我就来对你们说说这只狐狸：第一，这是一只老狐狸，个儿很大。脚印是圆圆的，走起路来，那是不含糊，齐刷刷的，不像小狐狸那样在雪地上乱踩乱踏。它拖着一只鹅，从村子里出来，走到一处矮树林里，停下来，把鹅吃了。我已经找到那个地方了。第二，这是一只公狐狸，很狡猾，身子胖，毛皮厚——那张皮能值大钱哩！"

谢尔盖和安德烈互相交换了个眼色。

"怎么，难道这些都写在脚印里吗？"

"当然啰！瘦狐狸连肚子都填不饱，它身上的毛皮必定薄，没有光泽。

可是老狐狸狡猾，肚子吃得饱饱的，把自己养得肥肥胖胖的，它的毛必定又厚又密，油亮亮的，这种皮子自然值钱了！饱狐狸跟饿狐狸的脚印也不一样：饱狐狸走起路来，步态轻盈，就像猫一样轻巧，后脚踩在前脚的脚印上，一步一个坑，齐齐整整的一行。跟你们说，这张皮子，在省城收购站，人家会争着出大价钱的。”

塞索依奇说到这里，不再说了。

谢尔盖和安德烈又互相使了个眼色，一同走到墙角里，叽里咕噜低语了几句。随后，安德烈对塞索依奇说：“那么，塞索依奇，干脆点说，你是来找我们合伙来了，是吧？我们没意见啊！你看，我们听到丢鹅的消息，连围猎的小旗都准备好了。我们原想赶在你前头的。那么现在咱们就说定：合伙干！”

“咱们还可以说定，第一次围猎，打死算你们的。”小个子猎人爽快地说，“要是让它跑了，那第二次围猎十有八九是逮不到它的。这只老狐狸不是咱们本地的，是过路的，顺手牵羊逮了咱们的鹅。咱们本地的狐狸，我知道，没这大个儿的。它听得一声枪响，就会逃得连影子都找不着的，我们也休想再找到它。这小旗子，你们还是留在家里吧，这老奸巨猾的家伙，让人围猎，大概也不止一回两回了。”

然而，两个小伙子坚持要带上小旗子。他们说，还是带上，用围猎的办法逮狐狸，要稳当些，把握会大些。

“好吧！”塞索依奇点了点头说，“你们爱怎么办就怎么办吧！”

谢尔盖和安德烈立刻收拾好围猎家什，扛出一卷小旗子，拴在雪橇上。

就在小伙子们忙活的时候，塞索依奇回了一趟家，换了身衣裳，找来几个年轻小伙子，让他们帮忙赶围。

这三个猎人都在短皮大衣外套上了件灰罩衫。

“咱们这是去打狐狸，不是打兔子，”塞索依奇走到半路上，告诫大伙说，“兔子是笨家伙。可狐狸的鼻子要灵敏得多，眼睛特尖。只要让它察觉到一点异样来，马上就逃得没影儿了。”

大家直奔狐狸的藏身地，很快就到了那片树林。

塞索依奇立刻安排部署，大家分别站好各自的位置，谢尔盖和安德烈往左绕着林子挂起了小旗。塞索依奇带了另一个小伙子，从右边把小旗子挂上。

“你们可得多留神，”临分手的时候，塞索依奇又叮嘱说，“注意看有没有走出树林的脚印。要蹑着点儿手脚，别弄出声响。老狐狸可奸猾了，要让它听见有响动，咱们就别想逮住它了。”

“没见狐狸离开林子的脚印吧？”塞索依奇跟两个年轻猎人碰头的时候问。

“我们仔细瞧过了，没有出林子的脚印。”

“我也没看见。”

他们留下一段约莫一百五十来步宽的通道，没挂小旗子。塞索依奇安排好两个年轻猎人，为他们选定守候的位置，自己踏上了滑雪板，悄悄回到赶围的人们那里去。

塞索依奇部署好了一条狙击线。

围猎开始了。

树林里一片寂静。只听见团团松软的积雪，从树枝上跌落下来。

塞索依奇紧张地等待两个年轻猎人的枪声。他的经验告诉他：要是一旦错过这机会，今后就再也碰不到这么大个儿的狐狸了。

塞索依奇已经走到小树林中央，却还没有听见枪声响。

“怎么会呢?”塞索依奇不无担心地寻思着，一面从树干间侧身穿过，“狐狸早该出现在通道了。”

他走着走着，来到了树林边上。这时安德烈和谢尔盖从他们躲藏的几棵枞树后走了出来。

“没看见?”塞索依奇压低嗓门，问道。

“没看见。”

小个子猎人不言一语，转身往后跑：他要去检查包围线有没有出问题。

“哎，过这儿来！”几分钟后，传来他气喘吁吁的声音。

大家都聚到他跟前来。

“你们会辨认脚迹吗?”塞索依奇狠狠地责怪起那两个年轻的猎人，“还说没有跑出树林的脚印呢！可这是什么?”

“兔子脚印。”谢尔盖和安德烈异口同声地回答，“兔子的脚印。我们这还不会认吗？刚才展开围猎时就看见了。”

“兔子脚印里头呢？兔子脚印里头是什么？你们这两个稻草人，我早就对你们说过，这只狐狸老狡猾哩！”

在兔子长长的脚印里，只要定睛细看，真是，隐约间还有别的野兽脚印：比兔子脚印圆些，短些。老猎人一眼就识破了狐狸的花招，两个年轻猎人瞅了半天，才琢磨明白。

“狐狸借着兔子脚印掩饰自己的脚印，这一点你们不知道？”塞索依奇眼看丢了一件上等的狐皮，气不打一处来，“你们看，它一步一步，每一步都踩在了兔子的脚印上。你们这两个睁眼瞎子！白白耽搁了这机会！”

塞索依奇顺着脚印追去。其他的人默默跟在他身后。

在一片矮树林里，狐狸脚印同兔子脚印分开了。狐狸的那行脚印像一大清早看到的那些脚印一样分明，显然，狐狸是在绕道走，绕出了许多鬼花样。他们跟踪这脚印走了好半天。

太阳半掩在黛色的暮云中——一日将尽。大家都很沮丧：这一天算是白辛苦了！脚上的滑雪板不由得沉重起来。

突然，塞索依奇站住了。他指着前面的小树林，低声说：“老狐狸在这里。瞧，前面5公里都是旷野，像一张白桌布似的平坦，没有树丛、溪谷。狐狸要穿过这样一块开阔地，对它是很不利的。就在这里——我敢拿脑袋担保！”

两个年轻人一下子振作起来，把枪从肩上放下来。塞索依奇让安德烈和三个赶围的小伙子从小树林右侧包抄过去，谢尔盖和两个赶围人从小树林左侧包抄过去。大家同时向小树林中心缩小包围圈。

等他们走了后，塞索依奇独自一人悄悄溜到树林中间。他知道，那儿有一块小小的林间空地。老狐狸绝不会待在一个无遮无拦的地方的。但是，不管它朝哪个方向穿过这个小树林，都没法避免经过这块空地的边缘。

在这块空地中央，有一棵高大的枞树。旁边有一棵枯死的枞树，倒在它黑漆漆的树枝上。

塞索依奇的头脑里忽然闪过一个主意：顺着倾倒的枯树，爬到大枞树上去。站在树上居高临下，不管老狐狸往哪里跑，都能看得见。空地周围只有一些矮小的枞树，还有一些光秃秃的白杨和白桦。

但是思虑周全的老猎人立即放弃了这个主意。他想，他爬上树的工夫，可能就让狐狸跑掉了，而且从树上放枪也不顺手。

塞索依奇在枞树旁站住了，站在两棵小枞树中间的一个树桩上，扣住双筒猎枪的扳机，全神贯注地四下里张望着。

赶围人的呼声从四周响起来。

塞索依奇确信那只非常值钱的狐狸就在这里，就在离他不远处，错不了。它随时可能闪出来。可是，当一团褐红色的毛皮在树枝间闪过的时候，他还是打了个冷战。那畜生出乎他意料地窜到毫无遮拦的空地上去了，塞索依奇差点儿扣动扳机，可是他没有。

不能开枪——那不是狐狸，那是一只兔子。

兔子在雪地上蹲下来，心惊肉跳地抖动着它长长的耳朵。

围猎的人声越来越近了。兔子跳进了密林，溜得不知去向。

塞索依奇收回了视线，重又回到林子边缘。

从右方突然传来一声枪响。

打死了吗？还是打伤了？

从右方传来第二声枪响。

塞索依奇放下枪。他料想：不是谢尔盖就是安德烈，总是他们当中的一个，把狐狸打死了。

过了不大一会儿，赶围人走到空地上来了。谢尔盖和他们在一起。

他一脸的狼狈。

“没打中？”塞索依奇皱着眉头问。

“矮树林后头呢，怎么打得中……”

“唉……”

“瞧，在我手上掂着呢！”从背后传来安德烈兴高采烈的声音，“没逃出我的枪口呢！”

安德烈走过来，把一只打死的……兔子，扔在了塞索依奇的脚下。

塞索依奇张大嘴巴，像是要说什么，可一句也没说出来，就又闭上了。赶围的人们莫名其妙地看着这三个猎人。

“好啊！运气不错！”塞索依奇终于压下火气说，“现在，大家都回吧！”

“狐狸呢？”谢尔盖问。

“你看见狐狸了？”塞索依奇问。

“没有，没看见。我打的也是兔子，兔子在矮树林后头，那样……”

塞索依奇把手一挥，说：“我看见了：狐狸叫山雀抓到天上去了。”

大家有气无力地走出空地时，小个子猎人独自落在了后面。这会儿天色还没黑尽，还能看得清雪地上的脚印。

塞索依奇绕空地走了一圈，一步一步走得很慢，走几步，就停一停。狐狸和兔子进入空地的脚印都印在雪地上，一个凹点一个凹点，清清楚楚的。

塞索依奇睁大眼睛，细心察看着狐狸脚印。

没有，狐狸并没有踩着自己原来的脚印往回走。狐狸也没有这样的习惯。

出了这块空地，脚印就完全没有了——既没有兔子的，也没有狐狸的。

塞索依奇在小树桩上坐下来，双手捧着脑袋沉思起来。终于，一个很稀奇的想法窜入了他的头脑：没准这只狐狸是在空地上打了个洞，然后就躲在洞里呢。这一点，刚才猎人完全没想到。

但是，当塞索依奇想到这个念头的时候，天已经黑了。在伸手不见五指的夜色中，要抓住这狡猾无比的家伙，想都甭想。

塞索依奇只好回家去了。

而野兽有时会给人出一些谁也猜不透的谜。有些人就被这些谜难住了。塞索依奇可不是这样的孬种。再狡猾的狐狸出的谜，也不曾难住他。

第二天早晨，小个子猎人又来到昨天狐狸离奇失踪的那块空地上。现在，有狐狸踱出空地的脚印了。

塞索依奇顺着脚印走去，想找到那个此刻还不知道在哪里的狐狸洞。但是，狐狸的脚印把他一直引到林间空地中央。

一行清晰而齐整的脚印，通向倾倒的枞树。顺着树干上去，消失在针叶茂密的大枞树树枝间。那儿，离地大约 8 米高的地方，有一根特别繁茂的树枝，上面一点积雪也没有：积雪被一只藏在这里的野兽给震落了。

原来，当塞索依奇在这儿守候的时候，老狐狸就趴在这棵树的树枝上。如果狐狸也会嘻嘻发笑的话，它一定会笑这伙愚笨的猎人，笑得前仰后合吧。

不过，狐狸既然会动脑筋藏身树上，那么窃笑一下人类也是很自然的事吧。

本报特约通讯员来稿

八方呼叫

冬至到了，《森林报》编辑部又一次与天南海北联系，请各地说一说自己现在的状况。那么，冬天的四面八方又会给编辑部带来些什么新鲜事呢？

注意！注意！

《森林报》！《森林报》编辑部向你们呼叫。

12月22日，冬至。这是一年中白昼最短、黑夜最长的一天。我们通过无线电与天南海北进行联系。

苔原和沙漠，森林和草原，海洋和山峦，都请注意啦！

请你们讲讲，现在，你们那里都在发生着些什么？

喂！喂！这里是北冰洋极北群岛

现在，我们这里正是黑夜最长的时候。太阳沉落到大洋里去了，在春天到来之前，太阳再也不露面了。

洋面被坚冰封锁。岛屿的苔原上也覆满了积雪。

还有谁留在我们这里过冬呢？

大洋底下生活着的，有海豹。趁冰还没冻坚实的时候，海豹们在冰层中给自己开了个通气的窟窿，一有薄冰把这气孔堵住，它们就立即用嘴去重新打通。海豹通过气孔吸入新鲜空气，有时也会从大一点的气孔爬上冰面，憩息一会儿，睡上一觉。

这时，往往有公白熊神不知鬼不觉地向它们靠近。公白熊跟母白熊不一样，它们不用冬眠，不用钻进冰窟窿里过冬。

积雪底下的苔原上，生活着短尾巴的旅鼠。旅鼠在雪层下挖了四通八达的管道，啃食埋在雪层下的细草。雪白的北极狐正在找它们，用鼻子追踪它们，想把它们从雪层底下刨出来当晚饭。

除了旅鼠晚餐，北极狐还能吃到在苔原上越冬的黑山鸡。当这种苔原寒禽钻在雪层底下睡觉，睡得迷迷糊糊时，嗅觉灵敏的小狐狸偷偷走过去，很容易一下就逮住了它。

除了这些鸟兽，我们这里冬天几乎就没有别的什么动物了。原本在这里生活的北方鹿，刚一入冬，也设法离开了岛屿，走到密林里去过冬了。

这里昼夜没有太阳，长夜如恒，我们要看什么，能看见吗？

能！要知道，我们这里虽然没有太阳，却依旧是亮可见物：第一，这里的月色皎皎如昼；第二，我们这里常有北极光出现。

北极光变幻着各种颜色，神奇而炫丽。它一会儿像飘动的丝带，沿北极方向的天空舒展开去；一会儿像瀑布，直从天际笔直泻落下来；一会儿又像柱子或一柄长剑，拔地而起。在北极光映照下的纯净雪原，迸射出璀璨的光芒。此时的岛屿，亮得俨如白昼。

冷得难受吗？当然，冷极了。除了冷得彻骨的寒风，还有暴雪肆虐。暴风雪一旦袭来，我们的小屋就给埋在积雪里了，一连六七天都没法儿往门外探探脑袋。不过，我们都很勇敢，我们年年向北冰洋更北部进发。实际上，我们的探险队员已经在研究北极了。

喂！喂！这里是顿巴斯草原

这里在下小雪。我们这里的冬天不长，下点小雪，我们不在乎。我们这里冷得不厉害，甚至不是所有的河流都结冰。

打各地的湖泊来的野鸭，都在这里汇集，在这里落脚，不再往南飞了。白嘴鸦从北方飞到这里，逗留在各个村镇和城市里。它们在这里不愁找不到吃的，所以会一直住下去，住到3月中旬，才动身回家乡。

飞到我们这里来过冬的，还有从遥远的苔原飞来的小客人：有雪鹀，有人叫它是铁爪鹀；有角百灵，或者叫角云雀；有个头很大的雪鸮，通身雪白。雪鸮本是夜间出来袭击动物的食肉猛禽，但是它在这里得白天出来猎食，不这样，它夏天在苔原上该怎么生活呢——要知道，夏天的苔原是没有黑夜的啊。

喂！喂！这里是新西伯利亚大森林

大森林里，雪越积越深了。猎人们踏上滑雪板，成群结队地向大森林开拔了。他们带着一辆辆轻型雪橇，载着食物和生活必需品。猎狗在他们前面带路，这都是善猎的北极犬，尖尖的耳朵直立着，蓬松的尾巴弯卷着。

大森林里有数不尽的淡蓝色灰鼠、珍贵的黑貂、毛茸茸的猞猁狲、兔子、森林大汉似的麋鹿、金红色的鸡貂——最好的画笔就是用这种小兽的毛做成的。还有白鼬——从前，沙皇的皮斗篷就是用白鼬皮缝制的，现在人们用它的皮来做小孩子的帽子。另外，还有火狐和金黄色玄狐以及无数美味的榛鸡和松鸡。

熊老早就在它的洞穴里睡大觉了。

猎人们待在大森林里，一连几个月不出来。他们在大森林深处的小木屋里过夜。冬日时光短暂，所以他们和他们的北极犬整个白天都忙个不停。猎狗特别兴奋，它们到处跑、到处闻、到处瞅，四下寻找松鸡、灰鼠、西伯利亚鼬和麋鹿，或者睡得正香的熊。

从大森林里出来的猎人们，雪橇上总是满载着猎物。

喂！喂！这里是卡拉库姆沙漠

春天和秋天，沙漠并不荒凉，这里活跃着各种生命，而夏季和冬季，沙漠一片死寂。

夏季的沙漠，酷热难当，鸟兽找不到食物；冬季的沙漠，严寒刺骨，依旧茫茫无际，空无一物。

初冬，禽鸟们就都飞走了，走兽们也都跑掉了，它们纷纷离开这可怕的沉寂之地。这里是南方，明亮的太阳天天升起，但是在这积雪覆盖的辽阔平原上，却没有飞禽走兽来欣赏这朗朗晴日。阳光消融了积雪，但仍然缺少眷顾它的欣赏者，因为雪下依旧是坚硬的沙原。乌龟、蜥蜴、跳鼠等都深深地钻在沙下冬眠，它们的整个身子都是僵硬的。

寒风在无边的旷野里游荡，没有谁能阻拦它：冬天，这风，是沙漠的主人。

不过，这种情形并不长久。人们正在用开渠挖沟的办法灌溉沙漠、营造森林。所以，将来的沙漠在夏冬两季，也一定会生机盎然！

喂！喂！这里是峰峦起伏的高加索

我们这里，冬季里有冬和夏，夏季里有夏和冬。

即便是在夏天，高峻的峰顶也仍是一个冰雪的世界。像卡孜别克山和厄尔布尔士山那样直插云霄的雄峰，面对它们的积雪和冰岩，即使是夏天炽烈的太阳也无能为力。而冬天最严酷的风雪，面对我们以群山为屏的低谷和海滨，也会不战而败的，在这儿树木茂密、百花盛放。

冬天的寒冷，只能把羚羊、野山羊和野绵羊从山顶赶到山腰，然而也就到山腰为止——冬到这里就耗尽了力量。

冬天，山上下雪，山下低谷地带却正在降下暖雨。

不久前，我们的果园刚刚奉献出橘子、橙子和柠檬等水果。我们的花园呢，玫瑰从没有停止热闹，蜜蜂也没停止过舞蹈。在向阳的山坡上，第一批春花开放了。这些春花中，有花瓣儿白、花蕊儿绿的雪绒花，有金色脸庞的蒲公英。总之，山脚下的谷地里，四季鲜花不断，母鸡整年下蛋。

冬天，我们这里的飞禽走兽眼看要找不到吃的东西了，可它们用不着远走高飞、背井离乡，它们只需从山顶转移到山腰，再不，就到山脚吧，到谷地里来吧，这里有温暖的怀抱。

我们高加索收留了多少远来的客人啊！收留了多少为逃避严寒而来的难民呢！多少难民在我们高加索得到了温饱！

到这里来的，有苍头燕雀，有椋鸟，有野鸭，有嘴巴长长的钩鼻鹬。

我们的国家幅员辽阔，当北冰洋的一端因为天寒地冻，人们连门都出不了的时候，在另一端，在我们这里，户外连大衣都不需穿。这里的新年时节，白天阳光明媚，夜晚星斗满天。我们观赏高耸入云的群山，看着细如新眉的月牙，挂在雪峰之上，挂在一碧如洗的晴空中。大海的波浪，在我们脚下轻轻推送，映衬得大海更显静谧。

一二678，哪个你能答

1. 哪几种鸟在雪地里过夜？
2. 为什么兔子奔跑的时候，后脚印在前，前脚印在后？
3. 离开北地的候鸟，冬天在南方做窝吗？
4. 什么动物印在雪地上的脚印像竹叶？
5. 哪一种小兽狐狸不要吃，鸡貂也不要吃？
6. 哪一种野兽的脚印像人的脚印？
7. 腿伤着的野兽走路，留下的脚印同不受伤的同类野兽的脚印有什么不同？
8. 什么动物爱成群出行，见草不吃，在荒野里颠簸，时而停下来仰头干号？

森林报

冬（第二号）

饥饿难熬月（1月21日到2月20日）

太阳进入宝瓶宫

隆冬森林的冰雪世界里仍活跃着顽强的生命

1月，站在整个冬季的中心，却将面庞望向春天。

新年一开始，白昼像兔子一样，跃跃向前，一天比一天长了。

积雪覆盖着大地、森林和水面，四周寂然，一切都陷入了深沉的睡眠。

生命为了度越眼前的艰困，显示出了一种独特的手段——佯装死亡。花草树木都停止发育、停止生长了。乍一看像是死了，其实并没有死。

它们在积雪的覆盖下，积蓄着顽强的生命力，积蓄着生长和开花的力量。松树和枞树把它们的种子，紧紧攥在小拳头般的球果里，小心翼翼地保护着它们。

冷血动物都藏到地下了，硬邦邦的，不动了。但是，它们也都还活着，甚至像螟蛾这样娇弱的动物也没有死，它们只是躲进各种各样的隐蔽所里去了。

鸟类的血液热，特别能耐寒，它们无须冬眠。许多动物，甚至像小不点的老鼠也不需要冬眠，它们整个冬天都在森林里晃荡。不可思议的事还有呢——那些在深雪下熊洞里的母熊，竟在1月的寒冬里产下了一窝小熊瞎子，它们虽然自己整个冬天都不吃不喝，却仍有奶水喂养自己的小熊，一直喂到开春。

森林要闻

1 月的森林是冰雪世界，尽管天气如此恶劣，不用冬眠的动物们依然能在森林找到食物，还上演了一出“排排队，分果果”的好戏。只要能找到食物，肚子饱了，身上也就不冷了……

冷啊，真冷！

冰冷的风在旷野上游荡，在光秃秃的白桦和白杨的林子里奔窜。冷风钻进禽鸟的羽毛，把它们的血都吹凉了。

处处冰封雪盖，禽鸟的小脚爪冻得受不了了。它们不能蹲在地上，也不能蹲在树上；它们得跑着，跳着，飞着，用这样的法子来取暖。

那些秋天就忙着储粮备荒的动物，如今，守着暖和舒服的洞穴，吃着在仓库里贮满的食物。冬天一来，它们便躲到暖和、舒适的洞穴里或窝里。它们的日子好过着呢。它们可以吃得饱饱的，然后把身子紧紧蜷成一团，美美地睡大觉。

排排队，分果果

林中，几只乌鸦发现了一具马尸。

“呱——呱！”一大群乌鸦来了，它们要和自己的同伴共进晚餐。

时已傍晚，天色渐渐黑下来。月亮出来了。

忽然，树林里传来一声啸叫。

“呜唬——”

乌鸦飞走了。树林里飞出来一只雕枭，落在马尸上。

它用钩嘴撕着肉，耳朵不停地抖动着，眼皮一眨一眨，正要美餐一顿哩，忽然听得雪地上一阵低沉的沙沙声。

雕枭飞上了树。

一只狐狸走过来，凑到马尸前。

咔嚓咔嚓一阵牙齿咬肉的声音。狐狸还没来得及吃饱，又来了一只狼。

狐狸逃进了矮树林。狼扑到了马尸上。它浑身的毛根根直竖，牙齿像是一把把小刀，把马肉从骨头上剔下来。它边吃，喉咙边呼噜呼噜响。听得出来，它吃得心满意足。这呼噜声很响，以至于周围的声音都听不见了。它吃了一阵，抬起头，把牙齿咬得咯吱响，像是说：

“别过来！”接着，又低头大吃大嚼起来。

突然，它头上响起闷雷似的一声吼。咚！狼吓得一个屁股蹲儿，跌坐在地上，随后夹起大尾巴，灰溜溜地逃走了。

原来是森林霸主大驾光临了——黑熊来了！

现在，谁也甭想吃那具马尸了。

熊的这顿夜宵一直吃到天快亮。夜宵结束了，熊睡觉去了。

熊一走，狼又回来了。狼其实没走远，它夹着尾巴，蹲在远处，在那里等候着。

狼吃饱了。狐狸来了。

狐狸吃饱了。雕枭飞来了。

雕枭吃饱了，才轮到乌鸦。

鸦群再次围拢来吃马尸的时候，已经是早饭时间了。这席免费的盛宴，现在全吃光了，只剩下一堆马骨头了。

肚子不饿，身上不冷

飞禽是这样，走兽也是这样，只要肚子不饿，身上就不冷！一顿饱餐后，食物会从身体内部发热，使热的血液变得更热，一股暖意在全身流窜，向全身发散。皮下的一层脂肪，是暖和的毛皮或羽毛大衣最好的一层里子。寒气就算是能透过毛皮，钻进羽毛，也绝对穿不过皮下那层脂肪。

如果林中食物充足，那么冬天就不可怕。问题是，冬天到哪儿去找食啊？

狼和狐狸满林子游走，饥肠辘辘地寻找食物。然而，冬天的森林里是空荡荡的，鸟兽们早就飞的飞，藏的藏了。

白天，乌鸦到处飞；夜晚，雕枭到处飞。它们寻找食物，可是哪儿有哇！

冬天的森林就像一个饥饿的空肚子。

芽在哪里过冬

现在，一切植物都处在麻木状态中。但是，它们在准备迎接春天，它们在为春天的到来抽薹发芽。

那么，这芽都在哪里过冬呢？

树木的芽，在很高的枝头过冬。各种草芽都各有各的过冬办法。

譬如说，森林里有一种叫繁缕的植物，它的芽是在枯茎的叶脉里过冬。它的叶子在秋天时就枯黄了，整棵植物好像是死了，而它的芽其实还活着，颜色是绿的。

而触须菊、卷耳、石蚕之类的草，它们都很矮小，它们的芽保存在积雪下，没有受伤也没有受损，它们穿着新绿的衣服准备迎接春天。

这些小草的芽都是在地上过冬，虽然离地不很高。

有些草的过冬办法则不同——它们的芽在地面和地下。

去年的艾蒿、牵牛花、草藤、金梅草和立金花，一到冬天就只能在地上见到半腐烂的茎和叶。它们的芽呢？你可以在近旁的地面看到它们。

草莓、蒲公英、苜蓿（mù·xu）、酸模草、蓍（shī）草等，这些植物的芽也在地面上过冬。不过，这些芽有绿色叶簇包裹着。它们也准备好

了：春天一到，就从雪底下露出碧绿的容颜。

还有好些草，把芽保存在地底下。鹅掌草、铃兰、舞鹤草、柳穿鱼、细柳叶菜、款冬等的芽，在根状茎上过冬；野大蒜、野葱等的芽，在鳞茎上过冬；紫堇的芽在小块茎上过冬。

生长在陆地上的植物的芽，过冬办法大概就是上面说的这些。

而那些水生植物的芽，是埋在池底或湖底的淤泥里过冬的。

尼·帕甫洛娃（生物学博士）

谁在冬林法则之外

在这隆冬时节，所有的林中居民都因为苦寒而怨声载道。森林法则是这样规定的：冬天首要的事，是千方百计挨过寒冷和饥饿，孵养雏鸟的事根本不要想。夏天，天气暖和，那才是孵养雏鸟的时候。

然而，谁要是在冬天有充足的食物，谁就可以不服从这条冬林法则了。

我们的通讯员在一棵高大的枞树上，找到了一个小鸟的窝。这时，虽是积雪盈枝，但筑在雪枝上的一个鸟窝里居然有几个小小的鸟蛋。

第二天，我们的通讯员又去看那个鸟窝。天冷极了，他们的鼻子都冻得通红。可是他们往鸟窝里一瞅，窝里却已经孵出了几只小鸟，身子光溜溜的，眼睛紧闭着，躺在积雪中。

太不可思议了，怎么会有这种事呢？

其实一点也用不着奇怪。这是一对交喙鸟做在这里的窝，窝里孵出的也就是它们的雏鸟。

交喙鸟这种鸟，既不畏惧冬天的寒冷，也不畏惧冬天的饥饿。

这种小鸟，成群结队的，树林里一年到头都能看见它们。它们欢天喜地地打着招呼，打这根枝跳到那根枝，从这棵树飞到那棵树，又从这片树林吵闹到那片树林。它们就这样一年四季乐此不疲地浪迹在森林里，居无定所。

春天，几乎所有的鸟都在为选择配偶而奔忙，一旦择定，就双双对对地选好一个地方，定居下来养儿育女。

然而交喙鸟不同。它们在这时结帮成伙地满树林里飞，在哪儿也不长居。

这交喙鸟老幼同群，是喜欢流动、喜欢热闹的鸟群。似乎它们的雏鸟是在空中边飞、边生、边养的。

其实不是，它们不一定非得在夏天把养儿育女的大事做了。

在我们的城市，这种鸟也被唤作“鹦鹉”。人们这样称呼好像也有一点道理，它们身上艳丽的服装和鹦鹉身上的一样。还有，它们也能像鹦鹉一样，在细枝儿上爬上爬下，转悠个不停。

雄交喙鸟的羽毛是红色的，颜色有深有浅。雌交喙鸟和幼鸟的羽毛的颜色是绿的和黄的。

交喙鸟的脚爪，钩住什么就能抓住什么，嘴擅长叼东西。它们喜欢头朝下，尾朝上，用脚爪攀住细枝，用嘴咬住下面的细枝，就那么倒挂着。

特别奇怪的是，交喙鸟死后，尸体过很久也不腐烂。老交喙鸟的尸体可以保存二十多年，连一根羽毛都不掉，也不发臭，跟木乃伊一样。

但是最有趣的，还要数它的嘴了。再没有第二种鸟的嘴是像它这样的。

交喙鸟的嘴，是上下交错的：上嘴壳的半截儿弯朝下拐，下嘴壳的半截儿往上翘。

交喙鸟的全副本领，就靠它这张嘴。它的所有奇迹，都是凭这张嘴创造的。

交喙鸟出壳的时候，它的嘴也同所有的幼鸟一样是直挺挺的。可是待

它一长大，就开始啄食枞树果和松球果的种子了。这时，它那软嘴巴就渐渐弯曲，终于交叉起来了，之后就一辈子都这样了。这样的嘴巴非常利于交喙鸟啄食球果里的种子，这种弯嘴可以轻易把种子从球果里钳出来，方便极了。

这不，叫它交喙鸟，是名副其实的。

为什么交喙鸟一生都这样爱在森林里流浪呢？

那是因为它们一直在寻找球果最多最好的地方。今年，我们这儿的球果丰盛，交喙鸟就到我们这里来；明年，北方的什么地方球果结得多，交喙鸟就迁飞到北方去。

为什么冬天交喙鸟在冰天雪地里还不停地唱歌、孵小鸟呢？

因为冬天，哪儿都是球果满枝，它们为什么不欢唱，不孵养小鸟呢？它们的窝是用绒毛、羽毛和柔软的兽毛做成的，暖和着呢。雌交喙鸟只要生下第一个蛋，就不再出窝了，雄交喙鸟出窝去找食，让雌交喙鸟饱暖无忧地孵小鸟。

雌交喙鸟抱着蛋，为蛋保温，等小鸟出壳后，雌交喙鸟把储存在嗉囊里的揉软了的松子和枞树子吐出来，喂自己的孩子。好在松树和枞树是四季不停地结果的，所以，一年到头它们都不会为吃的发愁。

交喙鸟一找到配偶，就筑起自己的小窝，准备养育儿女。这时，它们就离开鸟群，要一直等到小鸟大了才会归队，重新加入鸟群。这就是为什么人们总是找不着交喙鸟的窝的原因——因为是在群体里随众飞动的，是不做窝的。

为什么交喙鸟死后会变成木乃伊呢？

这全部的原因，归结于它们吃球果。在松子和枞树子里，含有大量松脂。交喙鸟一生吃松子和枞树子，全身都被这种松脂渗透，有如皮靴被柏油或桐油浸透一样。在它们死后，让它们的尸体不会腐烂的，正是这松脂和枞树脂。

埃及人制作木乃伊，其中一步就是往死者身上涂松脂。

熊在枞树林里找到一个坑

深秋时节一到，熊就在长满枞树密林的小山坡上选好一块地方。用它锋利的脚爪扒下一些长条形的枞树皮，叼到小山上的一个坑里，接着铺上软和的苔藓。然后，再啃倒土坑周围的一些小枞树，使这些小枞树像个小棚子那样把坑严严实实地盖起来。最后，自己钻进去，就可以放心地安睡了。

但不到一个月，它的洞被猎人找到了。它好不容易从猎人手中逃脱，但是再也不能回到自己的洞里去了。它只得躺倒在雪地上将就着睡了。但是这次又被猎人发现了，它在猎人枪口下再次九死一生。

它第三次藏起来。这回，它藏得可好了，没有猎人会想到它躲在了哪里。

它睡到了树上。

到春天，人们才发现，它在高高的树上睡过了一冬。

这棵树的树干以前准是被狂暴的大风刮折了，后来倒着生长，形成了一个坑窝。夏天，大雕把干树枝和软草叼到这里来，铺在里面，待孵出小鸟，就飞走了。这个坑窝就空在这里了。冬天，这只受了惊吓的熊，竟找到了这里，找到这个空中的坑里来了。

城市新闻

学校里的孩子们现在可忙了，因为他们得照顾好养在生物角的房客们，除了要让它们吃饱喝足住得舒服，还得防止它们逃跑。为了帮助饥寒交迫的鸟儿，善良的人们为它们开办了“免费食堂”。

校园里的森林角

不论你去哪所学校，都能看见一个生物角。生物角的箱子、罐子和笼子里，养着各种各样的动物。这都是孩子们夏天远足时的收获。

现在，孩子们可忙碌了：得让这批房客都吃饱喝足，要给每一位房客安排一间适宜的住宅，还得把每一位房客都看管好，不能让它们开溜。

生物角里，有鸟儿，有小兽，有蛇，有青蛙，还有昆虫。

在一所学校里，孩子们给我们看一本夏天日志。看来，他们收集动物是认真的，不是只图好玩。

6月10日的这篇日志里，值日生这样写道：“图拉斯带来一只啄木鸟。米龙诺夫带来一只甲虫。格甫里洛夫带来一条蚯蚓。雅科甫列夫带来一只瓢虫和一只荨麻上的小甲虫。保尔肖夫带来一只篱雀的雏鸟……”

日志差不多每天都有这样的记录：“6月25日，我们远足到池塘边。我们捉到一条蝾螈——这是我们非常需要的东西。”

有的孩子甚至把他们捉到的动物进行了描写：“我们收集了许多水蝎子、松藻虫与青蛙。青蛙有四只脚，每只脚上有四个脚趾。青蛙的眼睛是黑溜溜的，它的鼻子是两个小洞眼。青蛙的耳朵很大。青蛙对人有很多益处。”

冬天。小学生们还合伙在商店里买了一些我们省里没有的动物：譬如乌龟啊，金虫啊，金鱼啊，天竺鼠啊，羽毛格外鲜艳的鸟儿啊，等等。一走进那间屋子，就能听见房客们的一片喧嚣声：有的尖叫，有的啼唤，有的不停地哼哼。这些房客，有的浑身滑溜溜，有的满身长羽毛，简直是一座小型动物园呢。

孩子们还彼此交换房客。夏天，有一个学校的学生捉到好些鲫鱼，而另一所学校的孩子们养了好多家兔——都多得没处养了。两个学校的孩子们就决定进行交换：四条鲫鱼换一只家兔。

这都是低年级学生的事。

而年纪稍大的学生，则另有自己的组织。每个学校里差不多都有少年自然科学家小组。

在我们城市的少年宫里，也有一个小组。各学校都选派最优秀的少年自然科学家去参加。在小组里，少年自然科学家和少年植物学家，学习怎样观察和捕捉动物，怎样照料饲养这些捉来的动物，怎样制作动物标本，怎样采集和制作植物标本。

从学年开始到结束，小组组员们经常到城外去郊游，有时还去得很远。他们在那里要住上整整一个月，每个人都有自己的事情：植物学组组员采集植物标本；哺乳动物学组组员捉老鼠、刺猬、鼩鼱、小野兔和其他小野兽；鸟类学组组员寻找鸟窝、观察鸟类；爬虫类学组组员捉青蛙、蛇、蜥蜴、蝾螈；水族小组组员捉鱼虾和一切水族动物；昆虫学组组员逮蝴蝶、甲虫，研究蜜蜂、黄蜂、蚂蚁之类。

少年自然科学家们在学校里辟有果木和林木的苗圃。他们的蔬菜园里常年丰收。

而且，他们都有一本详细的日志，记录他们的观察结果和他们的工作。

刮风、下雨、降露、酷暑，田野、草地、江河、湖泊和森林的生活，农村的农活，所有这些都逃不过少年自然科学家的目光。他们在长期的活动中培养了宽阔的心胸。

在我国，未来的动物学家、植物学家和矿物学家，一定会在这些有为的少年中产生的。

免费食堂

鸣禽在饥寒中挣扎。

心肠慈悲的城里人，为它们开办了免费食堂。有的在院子里，有的就在自家的阳台上。有的把小块面包、牛油之类拿线拴起来，挂在窗户外。有的把装着谷粒和面包屑的筐子摆在屋外的空地上。

荏雀、白颊鸟、青山鸟和其他一些冬天的小客人，成群结队飞到这些免费食堂来。有时，黄雀、红雀也会来。

林野专稿

在狼群频繁出没的西伯利亚某地，一个失去武器的猎人被一群饿狼围攻，但是聪明的猎人却凭借着“神秘的木箱”逃过一劫，并等到了同伴的救援。这是怎么一回事呢？

神秘的木箱

这事情发生在西伯利亚的一个小地方。那里的狼多得不得了！有一次，我问一个在卫国战争的游击战中获得过一枚大奖章的猎人：“您有没有碰到过群狼袭击人的事？”

“碰到得多啦，”他回答说，“这有什么呢？人手里有枪，人总归比狼要厉害。狼有什么了不起的！狗，狼也是狗。”

“不过，这种狗要是碰上了一个没有武器的人呢……”

“那也没什么大不了的。”游击队员笑笑说，“人有不可战胜的武器——那就是智慧。人的机灵应变能力，特别是人能把任何东西都变成武器的能力——这种应变能力，是人以外的所有动物都没有的。有一次，一个猎人就把一只普普通通的木箱变成了一件武器。”

接着，游击队员就讲起一个用小猪去猎狼的惊险故事。

故事发生在一个月夜。有四个猎人带着一只装了一头小猪的木箱，坐上马拉雪橇去逮狼。木箱很大，是他们自己动手用木条钉成的，这个木箱故意没有盖。他们的雪橇向狼群经常出没的草原驰去。这时候正是冬天，狼急着找东西充饥。猎人们到了草原，就拉出那小猪来。他们一个扯小猪的耳朵，两个拉小猪的脚，还有一个拽小猪的尾巴。这一扯一拉

一拽，小猪自然拼命声嘶力竭地尖嚎。他们拉得越起劲，小猪叫得越厉害。小猪尖利的嚎叫声远远地传遍了整个草原。

狼群听到小猪的叫声，从四面八方蹿过来，它们跑得很快，想追上猎人驰行的雪橇。直到狼跑得很近时，拉雪橇的马才忽然发现了它，于是吓得没命地向前狂奔！这么一来，装小猪的木箱从雪橇上颠落下来，一个猎人也随着滚下来，他的枪甩在了一边，连帽子也不知甩到哪儿去了。

一些狼向狂奔的马追来，一些狼向小猪扑去，眨眼间，小猪就被群狼撕吃了个精光。这些狼吃完了小猪，接着扑过去吃那个没枪的猎人。可是，一看，哟，人不见了，路上只有一个底儿朝天的木箱了。

那些狼急急赶到木箱边，发现这是一个——自己会走路的木箱子，从路中央走到路边上，再从路边上走到雪野里。狼们小心翼翼地跟随着木箱走，木箱一挪到积雪里，就自己往下沉。狼们就眼看着箱子一点点往雪里陷，越来越矮。

狼们心里不由得发毛了，它们越看越糊涂，不过，愣了一会儿后，它们还是壮起胆，向木箱围拢来。狼们站在那里琢磨着：这是怎么一回事儿呢？这时，木箱还继续往积雪深处陷。

"这是什么怪物呀？我们再等下去，木箱可要全进雪里去了！"狼们不禁想。

头狼鼓起勇气，走到木箱前，把自己的鼻子插进木箱缝缝里……

头狼的鼻子刚碰到木箱缝，箱子里就冲它喷出了一股气——人说了一句话。这让等候在四周的狼吓得四散开去，一溜烟逃跑了。

就在这当儿，另外三个猎人赶来救这个猎人了。

猎人还活着，连一点伤也没受，他毫发无损地从木箱里爬了出来。

"故事说完了。"游击队员说，"你现在还会说，没有武器的人就对付不了狼吗？人的智慧使人能应急地利用一切可以利用的东西来保护自己。"

"那么，"我说，"你现在告诉我，吓退了狼群的那句话是什么话呢？那个猎人究竟会说一句什么样的话？"

"一句什么话？"游击队员笑了，"就是一句普通的人话呗。人随便说句话，狼就吓得屁滚尿流了。”

“他又怎么知道说了这句话，狼就害怕了呢？”

“真的是一句很普通的话。”游击队员说，“你想想，那个时候，人通常会说句什么话？我猜大概说的是‘狼啊，你们都是些蠢货！’。”

普里什文 摘自《白桦树上的小喇叭》

一二678，哪个你能答

1. 为什么冬天进森林必须带上猎犬？
2. 哪一种鸟，雌鸟比雄鸟身大力壮？
3. 常言道：“狼靠四条腿活命。”这句话包含些什么意思？
4. 看了砍掉树干的树桩子，就可以知道这棵树生长了多少年。怎么知道的？
5. 为什么所有的猫科动物，如家猫、野猫和大山猫等，都比犬科动物，如狼和狐狸等爱干净？
6. 为什么一到冬天，许多飞禽走兽就离开树林，向有人居住的地方聚集？
7. 冬天，蝙蝠飞到什么地方去过冬？
8. 交喙鸟的尸体就是在热天也长期不腐烂，这是什么原因？

森林报

冬（第三号）

忍受残冬月（2月21日到3月20日）

太阳进入双鱼宫

饥禽饿兽熬出残冬 迎来温饱的春天

2月。

狂暴的寒风呜呜吹卷着雪尘，在2月里奔窜，却不留下一个足迹。2月是许多虫豸和野兽冬眠的月份。

这是冬季的最后一个月，也是冬季最难熬的一个月。可以毫不夸张地把这个月叫作饥饿难耐月。这个月里，公狼母狼成亲，所以它们为了传种的需要，频频偷袭村镇的牲口，把狗啊、羊啊，都拖去充塞它们的肚腹；在饥饿的驱使下，它们天天夜里都钻进羊圈里去劫猎。

所有的野兽都在这个月份里日见消瘦。秋天养起来的肥膘，这时已再不能给它们以热量，不再能给它们以营养了。

小野兽的洞里，地下仓库的存粮也差不多吃完了。

雪对许多野兽来说，本来是可以帮助保温的朋友，现在对于许多野兽来说，却越来越变成催命的敌人：树枝耐不住积雪的沉重，纷纷折断了。只有野生的鸡类，譬如山鸡呀，榛鸡呀，琴鸡呀，它们倒还喜欢深雪，它们连头带尾，整个身子钻进深雪里去过夜。它们在那里感觉很舒服哩。

而不幸也恰恰在这时发生了——白天要是有太阳，雪就会消融，到夜间酷冷的寒气袭来，很快就在雪面上结起一层冰壳。这样一来，野生鸡类就倒霉了，任你怎么拿脑袋去撞击冰壳，也休想从这冰屋顶下钻出来，它们要被闷在雪层下，直闷到太阳出来，把坚硬的冰壳融化！

暴风雪连日连夜地吹，把2月走雪橇的路统统都埋进了积雪里……

耐得住这毒寒吗？

2月是冬天的最后一个月，也是森林居民最难熬的一个月。对此深感担心的《森林报》通讯员们特意去到了森林，他们在池塘找到了“透明的青蛙”，走访了岩洞中倒挂着的酣睡的蝙蝠……

森林年的最后一个月——最艰难的一个月来到了。每年春来前的一个月，都是毒冷毒冷的。

林中所有居民仓库里的存粮都吃尽了，所有的飞禽走兽形体都消瘦了——皮下那层抵御寒冷的脂肪，已经消耗完了。一连多日的半饥饿日子，让它们越来越没有体力支撑自己的身体了。

对鸟兽们来说，日子本来就够难过的了，而狂风又吹卷起地面的积雪到处瞎奔乱窜。天冷得一天比一天更难以忍受了。

寒冬知道自己随意蹿动的日子不会太久了，所以就更肆无忌惮地放出它最严酷的寒气来。

现在，飞禽走兽们也只有再坚持一阵，拿出最后一点力气，熬过去，熬过这难耐的一个月——春天终究也不远了。

我们的通讯员去整座森林里转了转。所见所闻中，有一件事让他们特别放心不下，那就是：飞禽走兽们能熬到天气转暖吗？

他们在森林里，看见许多让他们揪心的事。有些林中居民已经耐不住饥饿和寒冷的煎熬，丧命了。那些如今还活着的能不能再坚持一个月？不错，是有这样的事实，但飞禽走兽是不会在这时都死去的，它们有很多还活着，所以你用不着替它们太过担心。

透明的青蛙

我们的通讯员凿破一个结满冰的池塘，挖开冰底下的淤泥。淤泥里躺着许多青蛙。它们是钻到那里去过冬的，它们成堆成堆地挤在那里。

把青蛙从烂泥里拽出来一看，他们都十分惊讶：怎么这些青蛙像玻璃做成似的透明。它们的身体变得非常脆，只需轻轻一叩，那细嫩的小腿儿就咔嚓一声脆响，断了。

我们的通讯员带了几只这样的青蛙回去。他们把冻僵的青蛙放在暖和的屋子里，小心翼翼地让它们全身回暖。青蛙慢慢地、渐渐地苏醒了，开始在地板上蹦跳。

这情景让我们想象到：那些青蛙，待到春天的阳光一照，池塘的冰融化了，水暖和过来时，就又会苏醒过来，变得活泼泼的，又能蹦又能跳了。

倒挂着沉睡

在托斯纳河的河岸边，离萨博林诺火车站不远，有一个大岩洞。早先，人们在那里取用沙子，但如今早已废弃了，留下一个大洞，谁也不到那里头去了。

我们的通讯员在隆冬时节去看了那个洞。他们发现洞顶上一排排一溜溜挂着蝙蝠，是兔蝙蝠和山蝙蝠。它们在那里酣睡，已经睡了有 5 个月了，它们一只只头朝下，脚朝上，用脚爪牢牢拽住凹凸不平的洞顶。兔蝙蝠把大耳朵藏在折起的翅膀下，用翅膀把自己的身体裹得严严实实的，犹如盖了一床被子。它们就那样倒挂着进入了梦乡。

蝙蝠连续睡了这么多个月，睡得这么久，我们的通讯员甚至为它们担心起来。他们于是伸手去摸了摸蝙蝠的脉搏，量了量它们的体温。

夏天，蝙蝠的体温，跟我们人差不多，三十七摄氏度左右，脉搏是每分钟 200 次。

现在，蝙蝠的脉搏降到只有每分钟 50 次，体温就只有五摄氏度高一点。

这样的脉搏，这样的体温，对蝙蝠来说，对这些小瞌睡虫来说，依然

是健康的，人们无须为它们担心。

它们还将无忧无虑地再睡上个把月，甚至两个月。待到足够温暖的夜晚一到来，它们就会苏醒过来，健健康康地在夜色中穿行飞舞。

冬时着夏装

我今天在一个僻静角落里找到了一棵款冬。它正在开花哩。它一点也不怕冷。这些细茎的款冬还穿着夏装，鳞片状的小叶子，蛛丝般的绒毛。此时此刻，我穿着大衣还觉得冷飕飕的，然而，它这样着夏装却不觉得冷！

但是，你不会信我说的，你看，这四周无处不是雪，哪来这绿葱葱的款冬呢？

可我不是说了嘛，我是在“一个僻静角落里”找到它的！告诉你，它在什么地方：我是在一座大楼南向的一个墙根底下找到它的，并且，那是一个暖气管子通过的地方。在那个僻静角落里，雪积不起来，雪落到这里就融化了，土是黑油油的，似春天那会儿一样冒着热气。

不过，空气仍是冰冷的喔！

尼·帕甫洛娃（生物学博士）

解除武装

森林里，力大无穷的麋鹿壮士和个头小些的公鹿，一到隆冬，就都设

法把自己的犄角甩脱了。

公麋鹿是自己扔下头上这副沉重的武器的。它们来到密林里，往树干上蹭犄角，蹭着蹭着，就把犄角给蹭掉了。

有两头狼，看见解除了武器的大个子，马上决定向它发动进攻。在它们看来，要打败没有了武器装备的麋鹿，易如反掌。

进攻和防卫的战斗，就这样开始了。不料，战斗结束得出乎意料地快。麋鹿用它两只硬实的前蹄，几下就击碎了一头狼的脑壳，然后突然转过身，又把另一只妄图偷袭的狼踢倒在雪地上。这只狼吃了麋鹿这一铁蹄，歪歪倒倒，好不容易才逃走。

近来，老公麋鹿和老公鹿已经生出了新的犄角。此时，这还是没有长硬的肉瘤，外面紧紧绷着一层皮，皮上那绵柔的绒毛清晰可见。

爱洗冷水澡的鸟

我们的通讯员，在波罗的海铁路上的噶特庆站附近，在那里一条小河的冰窟旁，看到一只肚腹漆黑的小鸟。

那是一个奇寒的早晨，树木冻得嘎巴巴直响。天上倒是挂着明晃晃的太阳，但是我们的通讯员还是不得不几次三番地捧雪，摩擦自己冻得发白的鼻子。

这样冷得出奇的早晨，竟还会听到黑肚皮小鸟在冰面上歌唱，还唱得那么快活，这真让人感到非常惊讶。

他走到小鸟跟前，想要细看一番。没想到小鸟往高处蹦了一下，接着，一个猛子扎进了冰窟窿里。

“投河呢！少不得淹死！”通讯员心里想，他大步奔到冰窟窿旁，要去把那只犯了神经病的小鸟给救出来。谁料，小鸟正在水里，伸开自己的翅膀划水呢，就跟游泳的人用胳臂划水一样。

小鸟的黑背，在透明的水里像条小银鱼似的忽隐忽现。

小鸟头朝下，一个猛子扎到河底，伸出尖利的爪子抓着沙子，在河底上跑起步来。跑到一个地方，它停了停，用嘴巴翻开一块小石子，从石块下面拖出一只黑壳小甲虫。

过了一分钟，它从另一个冰窟窿里钻出来了，跳到冰面上。它抖动身子，若无其事地唱起了欢乐的歌，声音像一串银铃撒在冰面上。

我们的通讯员把手探进冰窟窿里去试试，心想："也许这里是温泉吧，小河里的水是热的吧?"

但是，他立刻把手从冰窟窿里抽回来了：水是刺骨的，扎得他的手生疼哩。

他恍然大悟，面前的那只小鸟，是一种水雀子，学名叫河乌。

这种鸟跟交喙鸟一样，是背离自然法则的。河乌的羽毛上蒙有一层薄薄的脂肪。这种油膜在它钻进水里时，会产生一层能隔水的小气泡，银光闪闪的。这样，它就好像穿了一件空气做的防护服，所以，即使在冰水里，寒冷也侵不进它的身体。

在我们这里，河乌是稀客。它们只有在冬天才会来。

在冰盖下

我们来想想隆冬时节，鱼是怎么生活的吧。

整个冬天，鱼都在河底凹坑里躺着睡觉，结实的坚冰屋顶，覆盖在它们头顶。2 月里，隆冬时节，在池塘里或林中沼泽里休眠的它们，会感到空气不够用。这样时间一旦长了，它们就会闷死在水底。它们心慌意乱地张开圆嘴，游到冰层下，用嘴唇捕捉附着在冰面上的小气泡。

鱼也有可能都闷死。所以，天寒地冻的日子里，咱们可别忘了在池塘和湖面上凿开些冰窟窿。注意，别叫冰窟窿再冻上，好让鱼能够呼吸到空气。

雪下的生命

在漫长的冬天，当你望着积雪覆盖的大地，你不由自主地会想：在这片干燥而寒冷的雪海下面，还会有生命的信息存在吗？还会有什么东西

活着吗？

我们的通讯员在森林里、林中空地上、田野里扒开雪，挖了一些大深坑，一直挖到地面。

我们在雪下看见的东西，多得出乎意料：有许多绿色的小叶簇，还有些从枯草根下钻出来的、尖尖的小嫩芽，有俯倒在冻土上的各种绿色草茎。它们全是活的。你想想，全是活的啊！

原来，这里并不是个死亡的世界。在积雪的底部，有草莓，有蒲公英，有荷兰翘摇，有狗牙根，有酸模，还有许多各式各样的植物，全是绿油油的！在那翠嫩的繁缕上，甚至缀满了米粒样小小的花蕾。

在我们的通讯员挖的那些雪坑四壁上，还发现了一些圆圆的小洞眼。这是被铁锹切断的小野兽的交通道。那些小野兽巧妙地利用这些通道，穿行雪野中，给自己找东西吃。老鼠和田鼠在雪底下啃咬植物的根，这些富有营养的根，它们吃得津津有味；食肉动物，比如鼩鼱、伶鼬和白鼬等，则靠捕捉这些鼠类啮齿动物和在积雪下过夜的飞禽过活。

以前，人们以为只有熊才在冬天生小熊。人们说，有福气的小孩是“从娘胎里带来了衣裳”。小熊正是这样的幸福的孩子，它刚出生时非常小，只有老鼠那么点儿大，可是它不仅是从娘胎里带来了衣裳，而且干脆就是穿着衣裳出生的。

现在，科学家弄清楚了，有些老鼠和田鼠在冬天搬家，就好比我们要去别墅度假，去呼吸呼吸新鲜空气一样。它们从夏天的地下洞穴搬到地面上来，在雪底下和灌木下部的枝丫上做窝。令人惊叹的是：冬天，它们还生儿育女！小不点的小老鼠，刚生下来时，身上光溜溜的，一根毛也没有，但是窝里很暖和，年轻的鼠妈妈们喂它们奶吃。

春天来临的征兆

虽然天气仍冷得厉害，但是已经不像隆冬时节那样了。虽然积雪依旧很深，但已经不像从前那样白得闪亮了。如今，积雪的颜色变得灰白，出现了蜂窝状的小洞眼。挂在屋檐下的冰凌却一天天变大了，开始滴滴答答淌水了，地上出现了一个个的小水洼。

太阳在天空的时间越来越长，阳光也越来越温暖。天空不再是一片灰白冷峻的颜色了。天空的蔚蓝色一天深似一天。天上的云也已不再是灰蒙蒙的冬季云了，它们开始一层一层地加厚，如果你留点儿神，你还会发现天上飘过的已经是堆得敦敦实实的积云了。

太阳一出来，窗下就传来山雀快乐的歌声："斯肯，舒巴克！斯肯，舒巴克！"

每到这时节，猫就天天晚上在屋顶开音乐会、打架，呜哇呜哇，喵呜喵呜，没完没了。

森林里，说不定什么时候，会忽然传来阵阵斑啄木鸟欢天喜地的击鼓声。你别以为，它只不过是用嘴壳敲敲树干而已，可笃笃笃，笃笃笃，笃笃笃，听起来不折不扣就是一支歌！

在密林里，枞树和松树下面，不知是谁画了一些神秘的符号，一些谁也猜不透意思的图案。可猎人们一看这些符号，他们的心就会狂跳起来：因为这些符号是森林里一种有胡子的大公鸡——松鸡留下的痕迹呀，这是它那硬挺有力的羽翅，在坚实的春季冰壳上划拉的印迹！这么说……这么说，松鸡马上就要开始交尾了，神秘的林间音乐会很快要拉开帷幕了。

城市新闻

城市里，人们已经感觉到春天快要来临了。你看，麻雀、猫这些爱在街头和屋顶打架的家伙开始活动了。飞禽们有的在修理去年的旧窝，有的在建造新居。一些远在他乡的候鸟正陆续返回故乡。

街头打架的家伙

城市里，已经能够分明感觉到春天的临近了，你看，谁常常在大街上打架？

麻雀。街头的麻雀对行人一点也不理会，只彼此胡乱啄着颈毛，把羽毛啄得四散飞舞。

这街头打架的，都是公麻雀，母麻雀从来不参加打架，可也阻止不了那些爱打架的家伙。

猫天天夜里都在屋顶上打架。有时候，公猫捉对儿打斗，打得你死我活，一只公猫在打斗中从楼顶上翻了下来。不过，从这样高的楼上摔下来，它也不会死，猫的腿脚利落着呢：它跌下去的时候，是四脚同时着地，充其量不过是瘸着腿跛几天，便没事了。

有的修理，有的新建

城里到处可见飞禽们忙碌的身影：有的在修理房子，有的在建造新居。

老乌鸦、老寒鸦、老麻雀、老鸽子，它们都在收拾去年的旧居。那些今年夏天才出世的年轻一代，忙着给自己营造新窝。一下子，建筑材料的需求量大大增加了。它们所用的建筑材料都是些粗糙的树枝、稻草、马鬃、绒毛和羽毛。

鸟食堂

我和我的同学舒拉都很喜欢鸟。

冬天的鸟，譬如山雀、啄木鸟，都常常因为没处找食而挨饿。我们很可怜它们，决定给它们做个食槽。

我家附近有很多树。常有鸟落到上头找食吃。

我们用三合板做了一个浅浅的食槽，每天早晨都往食槽里撒各种谷粒。现在鸟都已习惯了我们的喂养，不再害怕飞到食槽跟前来。它们都很喜欢啄食撒在食槽里的谷粒。

我们建议：大家都来帮助冬天饥饿的鸟。

森林通讯员　瓦西里·格里德涅夫 亚历山大·叶富塞耶夫

市内交通新闻

街道拐角处的一幢房子上，出现了一个圆形的新标示牌：中间有个黑色的三角形，三角形里有一对白鸽。

这意思很清楚："当心鸽子！"

每当有车在这街道拐角上转弯时，司机会小心翼翼地绕过一大群鸽子。它们挤挤挨挨地站在街道当中，有青灰色的，有白色的，有黑色的，有咖啡色的。许多大人和孩子站在人行道上，把米粒和面包屑撒给它们吃。

"当心鸽子！"这块提醒司机注意鸽子的标示牌，最初出现在莫斯科大街上，大家都觉得很新奇。这块标示牌是根据女学生托尼亚·科尔肯娜的提议设立的。现在，在别的大城市，凡汽车来往很多的地方，也都树起了这样的提示牌。市民们经常去喂这些鸽子，欣赏这些象征和平的鸟儿。

保护鸟类是我们引以为荣的事情！

雪层下的童年

屋外，积雪正在消融。

为了挖些栽花用的土，我去了园子里，顺便看看那里的青菜。我在那儿给金丝雀种了点繁缕。金丝雀非常爱吃繁缕娇嫩的叶子。

繁缕这种植物你们总该是认识的吧？它的叶子是淡绿色的，花很小，小得几乎看不清，脆嫩的细茎老缠在一起。繁缕是紧贴着地面生长的一种植物，发得很快。在菜园里若是种了繁缕，你一旦疏于照看，那么整畦整畦的地，都会让繁缕的蔓网得严严实实。

今年秋天，我播下了繁缕的种子，播得迟了些。种子倒是发芽了，却没来得及长成幼苗，只有一小段细茎和两片叶子的时候，就被埋在雪里了。

我想它们准是活不成了。

结果怎样呢？我一瞧，它们不仅都挺过了冬天，更想不到还长大了，发育了。现在它们不再是幼苗了，而是长成了一棵棵像模像样的植物。有几棵还有了花蕾呢！

这真是稀罕了——这是冬天啊，而且是在雪底下！

尼·帕甫洛娃（生物学博士）

飞回故乡

《森林报》编辑部收到许多喜人的消息——从埃及、地中海沿岸、伊朗、印度、法国、英国、德国，都纷纷有信寄过来。信中说，我们的候鸟已经动身，开始陆续返回故乡了。

这些返乡的鸟，有节奏地、从容不迫地飞着，一寸一寸地占领从冰雪下解放出来的大地和水面。它们得估量好，要恰好在我们这儿冰雪消融的时候，在江河封冻解除的时候，飞回到我们这儿来。

朝霞上的新月

今天，我心里特别高兴：我起得很早很早，朝霞刚刚升起，我看见了初升的新月。

新月大多是在傍晚时分，在太阳落山后出现的。人们很少有在清晨看见它挂在初升的太阳上方的经验，新月比太阳起得早。太阳起来的时候，新月已经高高地悬在了天空中了，像一弯珍珠色的镰刀，挂在金黄色的朝霞上，亮亮地闪着银光。它轻吻着我的心，是那么喜气盈盈。这样的新月，我还从未见过呢。

摘自韦里卡的日记

迷人的小白桦

昨晚下了一场暖融融、湿润润的轻雪，在阶前的一棵我心爱的白桦树，连树干、树枝都变成了白色。快到早晨的时候，天又突然转冷了。

太阳升起来，照耀着大地。这时候我一看，我的白桦迷人极了，活脱脱成了一棵魔树：它亭亭玉立地站在那里，从树干到每根细枝，都仿佛浇上了一层白釉。原来，湿雪在凌晨时分冻成了一层薄冰。我的小白桦从头到脚都银光晶亮。

飞来了几只长尾山雀。它们蓬松的羽毛很厚，好像一团团小白绒球，尾巴织针似的翘在后头。它们落在小白桦上，不停地在树枝间转悠，它们是在找找看，有没有什么东西可以拿来当早点。

它们的小脚爪在冰层上老打滑，小嘴也啄不透冰壳。白桦树像玻璃树一般，发出细碎的清脆的叮当声，听起来冷冷的。

山雀抱怨着，但是一点办法也没有，叽叽喳喳了一番后，只得飞走了。

太阳越升越高，阳光渐渐暖和起来了，终于，白桦树上的冰壳融化了。从它所有的树枝、树干上，都流下一绺绺的冰水，它变得像个冰树喷泉。

开始滴水了。水珠闪烁着，在阳光中变幻着彩虹般的颜色，像一条条小银蛇似的顺树枝、树干蜿蜒而下。

这时，山雀又飞回来了。它们落在树枝上，一点也不怕冰水打湿自己的小脚爪。它们高兴极了：小脚爪不像早上那样打滑了，这棵失去魔法的小白桦，请它们吃了一顿可口的免费餐。

本报通讯员 韦里卡

第一声歌唱

天气还冷，但阳光已经有些许煦暖的感觉了。就在这一天，城里的花园里传来第一声鸟儿的歌唱。

那是荏雀在唱。它的歌喉里没有什么花腔：

“荏——瑟——维！荏——瑟——维！”

这么简单的调子，但它唱得很欢快，听起来，仿佛是这种金色胸脯的小鸟正在用歌声对大家说：

“脱掉大衣！脱掉大衣！春天到了！”

小学生的绿棒接力赛

优秀的少年园艺家好像在举行长距离的接力赛。

他们从春姑娘手里接过绿棒，也就是珍爱前人种下的树，保护好它们，然后把绿棒传下去。

接力赛每跑完一棒，就会召开少年园艺家大会。

去年，参加绿棒接力赛的有好几百万小学生。他们栽下了好几百万棵坚果和浆果灌木，造了几百公顷的森林、公园和林荫道。今年参加接力赛的，一定会更多。

今年接力赛的条件是：在每个学校里都开辟一个果木苗圃。这可以促使明年营造更多的果木园。

需要绿化道路，让路都变成迷人的绿色林荫道。

需要用乔木和灌木稳住峡谷中的泥土，保全我们的沃土，守住我们的耕地。

林野专稿

住在贝加尔湖边上的一个守林人的家里，某天闯进了一头被群狼追赶的熊！看到这头大祸临头的熊，守林人会怎么做呢？他会救这头熊，还是把它赶出去？一起来看看吧。

白脖子熊

有一个守林的老头儿，住在贝加尔湖边上，平时，他总是捕捕鱼、打打松鼠什么的。有一次，他往窗外眺望，冷不丁看到一头大狗熊，向他的小木屋没命地冲过来，一群狼在它屁股后头紧追不放。

狗熊眼看着就要大祸临头了……

但是这头狗熊的头脑可灵活哩。它一直闯进了小木屋的外间，它一进来，门就咚的一声自动关上了。它还不放心，又拼命地用后腿和身体紧紧抵住柴门。

老头儿明白了眼前发生的事，马上从墙上取下他的猎枪，说：

"米沙[①]，米沙，顶住门！"

狼群扑过来，贴挂到门上，老头儿就从小窗口对着狼群瞄准，边瞄准边说：

"米沙，米沙，牢牢顶住门！"

他就这样打死了扑过来的第一只狼、第二只狼、第三只狼，他一面放着枪，一面对熊说：

微词典 ①米沙：俄罗斯人通常俗称熊为"米沙"。

“米沙，米沙，牢牢顶住门！”

第三只狼一倒下，狼群就哗啦啦四散奔逃了。

熊就留在小木屋里，整个冬天都在老猎人的保护下生活。开春，森林里的熊都从自己的洞穴里出来了，老猎人这才给这头在他家住了一冬的熊往脖颈上拴了个白圈，他跟村里所有的猎人都打了招呼，让他们别打这头脖子拴着白圈的熊，因为，这头熊是他的朋友。

普里什文 摘自《白桦树上的小喇叭》

一二678，哪个你能答

1. 哪一种鸟能四季都孵小鸟，甚至冰天雪地时也不例外？
2. 哪一种鸣禽钻到水底下去觅食？
3. 做椋鸟房的时候，为了防止猫脚掌探到窝里，椋鸟房该怎么做？
4. 雏鸟在蛋里呼吸吗？
5. 如果把青蛙从雪底下挖出来，拿到火旁烘烤，使之迅速升温，它会怎样？
6. 海豹到水底下时靠什么呼吸？
7. 城区菜园里的雪和森林里的雪相比，哪里的雪先融化？
8. 哪一种鸟飞来时，我们就认为是春天重回大地了？

一二678，哪个你能答答案

春（第一号）答案

1. 脏雪融化得快，因为颜色深的吸收阳光就自然会多些。夏天不能戴黑帽也就是这个道理。

2. 白山鹑。它冬天是白颜色的，夏天有斑纹。

3. 雪融化以前，野白兔的毛色开始变灰了的时候；地面比野白兔先变了颜色的时候。

4. 是睁着眼的。

5. 在丛密而又黑暗的森林里生长的树木，很快地向上长高，以争取到更多的阳光，所以下面就没有树枝了。在旷野里生长的树木，自幼就可以自由生长枝叶，所以下面的枝叶就开始蓬开。

6. 靠捉拿昆虫为生的鸟，嘴巴细而软；靠啄食植物种子和浆果为生的鸟，嘴巴都粗且硬，便于把核啄破；猛禽的嘴都像弯钩，便于把猎物的肉撕碎。

7. 这是一棵冬天被兔子啃过的树。冬天，地上有厚厚的积雪，兔子啃不到下面的皮。

8. 鹿。

春（第二号）答案

1. 羊肚菌和编笠菌。

2. 农人犁地时会犁出土里的甲虫、甲虫的幼虫等。白嘴鸦把它们啄起来当美餐。

3. 乌鸦窝平且浅，喜鹊窝圆而稍深，有盖。

4. 家燕。

5. 叼毛去做窝；啄食牲口皮褶里的昆虫和昆虫的幼虫，为牲口清理皮毛。

6. 家鸭和家鹅的祖先本也是候鸟。春天野鸭和野鹅飞过的时候，家鸭和家鹅就会复苏部分野性，也想到天空飞翔，但因已经飞不起来而感到郁闷和不安。

7. 前部的尖。

8. 在旷野间飞翔的鸟翅膀狭长而尖；而飞在丛林里的鸟雀翅膀是宽短而呈圆形的，这样才不会被树干和树枝绊住。

春（第三号）答案

1. 用尾巴。

2. 八只脚。

3. 甲虫有两对翅膀。外面一对是硬的、厚的，用作保护底下那对飞行用的翅膀。

4. 蚱蜢的听觉不是从头上获得的，而是从一对前脚的小腿上获得的。

5. 青蛙的卵似胶冻般大团大团地漂在水面上，而癞蛤蟆的卵则附着在一条胶质的带子上，带子又附着在水草上。

6. 雄白山鹑，在春天交配期会发出像狗吠似的声响。

7. 啄木鸟。

8. 山羊。

夏（第一号）答案

1. 跟沙子和石子同一样颜色，以近似色保护蛋不被发觉。

2. 后腿。

3. 家燕窝的入口开在顶上，金腰燕窝的入口开在一旁。

4. 翠鸟。

5. 因为这些鸟儿会把自己的窝伪装起来：把做窝那棵树上的青苔装

点在窝外面。

6. 不是所有的鸟都这样。有许多鸣禽，譬如雀类，就孵两次小鸟，甚至也有一个夏天孵三次的。

7. 银色水蜘蛛。

8. 杜鹃。

夏（第二号）答案

1. 牛吃草的时候，用尾巴赶开缠绕它的各类虫子，譬如牛蝇。要是牛没有了这根尾巴，它就得不时摇晃脑袋和转移吃草地方，这样吃得到的草就少了。

2. 夏天是鸟类生儿育女的季节，嫩弱的雏鸟和幼小的野兽多，容易逮住。所以，夏季时猛禽和猛兽能吃得最饱。

3. 许多昆虫，譬如蝴蝶，先是卵，卵变成青虫，青虫变成蛹。

4. 因为鸭、鹅的羽毛上蒙有一层油脂，而油脂是不会沾水变湿的，所以水落在背上，就沾不住，会立刻滑离背部。

5. 因为狗没有汗腺，而马有。因此，狗伸出舌头，可以让自己凉爽一点。

6. 蜜蜂在蜇过人以后，就死去了。

7. 吃雌蝙蝠的奶。

8. 蜗牛。

夏（第三号）答案

1. 蜘蛛在一旁埋伏着，一只脚紧紧抓住一根绷得很紧的蜘蛛丝，丝的一端粘在蜘蛛网上。苍蝇什么的一落到它的网上，网就震动起来，那根丝就扯动蜘蛛的脚，这样它就立刻知道网上逮住猎物了。

2. 小鸟们白天看见猫头鹰，就立即成群结队，高声嚷嚷着向猫头鹰冲去，直到把它赶出树林。

3. 在秋高气爽的日子里，风把蜘蛛丝卷起，同时把幼小的蜘蛛带向了空中。

4. 燕子总是一边飞，一边捕捉蚊蝇类昆虫。晴天空气干燥，小虫子飞得高，燕子就得随之到高处去捕捉。而潮湿的日子，空气里水分多，小虫子因水分的沉重而飞不到高处去，燕子也就随之在低处捕捉。

5. 家鸡感到天快下雨了，就把尾尻腺所分泌的脂肪抹在羽毛上，以便雨水从身上滑落。尾尻腺在鸡的尾部。

6. 蚂蚁预感到天将下雨，就躲进洞里去，把所有的洞口全堵死。

7. 不是。蜻蜓捉食各类飞虫，如蚊蝇、浮蝣等。

8. 夏天观察鸟类的足迹，就去稀泥上。河滩、湖岸、池边，鸟儿为了觅食，都会聚集到这些地方来，留下清晰的脚印。

秋（第一号）答案

1. 母兔。最后生的一批小兔叫“落叶兔”。

2. 枫树、山梨树、白杨树和槭树。

3. 不是所有的候鸟都往南飞。有的是飞往东方去的。

4. 惯于生活在树上的鸟，到地上来是跳着走的，它们留下脚趾印迹是挤得很紧的，成两行；惯于生活在地上的鸟，在地上留下的脚趾脚印撑得很开，双脚轮流向前，成一条线。

5. 说明这个地方有动物尸体或受了重伤的动物。

6. 因为明年在这个地方雌鸟将孵出整窝的鸟。倘若打死了雌鸟，野禽就会搬走以避险。

7. 秋天就见不到蝴蝶了，因为多数在第一次寒流袭来前就死掉了。还有一小部分钻进了树皮里、木栅栏缝隙间，在那里过冬。

8. 主要不是因为狼的样貌凶险，而是因为它们靠近人类居住地，目的是来袭击牲口的，也危及孩子和成人的生命安全。

秋（第二号）答案

1. 上山快。兔子前腿短，后腿长，所以上山跑得快。要是从很陡的山上往下跑，那就要摔跟头了。

2. 树叶落尽时，地上的人们就能清楚地看见树上有鸟儿们在春夏两季里筑的窝。

3. 松鼠。它们把蘑菇拖到树上，穿在枝丫上。冬天食物匮乏时，就用这些蘑菇充饥。

4. 这种鸟很少。猫头鹰把死鼠之类藏在树洞里。松鸡把一些坚果藏在树洞里。

5. 躲到水里去，躲到石头下面，躲到坑里、淤泥里或者青苔下面。

6. 水上活动的鸟脚趾间有薄膜相连，以便帮助脚划水。

7. 田鼠的脚。那是为了适应挖土的需要。

8. 鸭、鹅。

秋（第三号）答案

1. 在河边、湖边的洞穴里。

2. 鸟在冬天最害怕的是饥饿。冬迁他地的鸟，就是因为北方大地封冻，找不到食物。

3. 在啄木鸟住着的那棵树下，往往能看见大堆被啄木鸟啄坏的球果。这是啄木鸟用嘴巴加工过的球果。

4. 北方的雪鹀。

5. 在果园里、丛林里、树上。在那些地方，黄昏时分就总会聚来大群的鸟——不只是乌鸦。

6. 猫的眼睛，白天在阳光下瞳孔缩小，很小；到天色暗淡以至昏黑时，瞳孔就能放得很大，睁圆。

7. 所谓“双重迹”，说的是兔子来回跑了两趟的脚印。

8. 食肉鸟类的臼牙、腭骨特别发达，能咬碎骨头；食草动物的门牙尖利有力，便于咬碎植物。

冬（第一号）答案

1. 黑琴鸡、山鹑和榛鸟。

2. 因为兔子跑的时候，把两条长长的后腿向前伸出。

3. 不做窝，不孵小鸟。

4. 黑琴鸡在雪地行走时，留下的脚印是竹叶般的。

5. 鼩鼱，因为它会发出刺鼻的麝香气味。肉食动物嗅觉灵敏，反感这种气味。

6. 熊的脚印。

7. 腿伤的野兽，受伤的脚踩下的脚印浅，健好的脚踩下的脚印深。

8. 狼。

冬（第三号）答案

1. 因为这时的猛兽都很饥饿，容易袭击人类。

2. 猛禽。

3. 狼的特性是不在一地死死等待它们要猎取的活物，所以就必须四条腿不停地快跑，企图追捕到猎物以充饥活命。

4. 砍下的树木只要数数它的木质纤维有多少圈，就可以知道它的年轮。

5. 因为猫科动物总是先埋伏在一旁，然后出其不意冲出去袭击猎物。它们必须爱清洁，使身上没有异样气味。而狼和狐狸等犬科动物身上就有浓重的气味。

6. 因为只有在人的居住区里才容易找到食物。

7. 冬天，蝙蝠在树洞里、岩洞里、阁楼上和屋顶下睡觉。

8. 交喙鸟吃针叶树的种子，所以身体里浸满了松脂，而松脂可以防止尸体腐烂。

冬（第三号）答案

1. 交喙鸟。它喂雏鸟吃松树、枞树的种子，而松树和枞树的种子连冬天也能找到，因此终年不缺吃。

2. 河乌。

3. 在椋鸟房的下面钉上个三脚架。

4. 呼吸，透过蛋壳上的微孔呼吸。所以，如果在正在孵的蛋上涂油漆、胶水和油脂，蛋就孵不出小鸟了。

5. 温度突然升高的情况下，青蛙就会死去。

6. 海豹在水中不呼吸。冬天，为了让自己不闷死在水下，它们会在冰面上凿些小孔。

7. 城区里的雪脏，先融化。

8. 白嘴鸦飞来的时候。